U0570702

与龟的生活智慧

林敏 编译

光明日报出版社

图书在版编目（CIP）数据

乌龟的生活智慧 / 林敏编译 . —— 北京：光明日报出版社，2012.6
（2025.4 重印）

ISBN 978-7-5112-2383-8

Ⅰ . 乌… Ⅱ . ①林… Ⅲ . ①成功心理 – 通俗读物 Ⅳ . ① B848.4–49

中国国家版本馆 CIP 数据核字 (2012) 第 076652 号

乌龟的生活智慧

WUGUI DE SHENGHUO ZHIHUI

编　　译：林　敏

责任编辑：李　娟　　　　　　　　　　责任校对：易　洲
封面设计：玥婷设计　　　　　　　　　责任印制：曹　净

出版发行：光明日报出版社
地　　址：北京市西城区永安路 106 号，100050
电　　话：010–63169890（咨询），010–63131930（邮购）
传　　真：010–63131930
网　　址：http://book.gmw.cn
E – mail：gmrbcbs@gmw.cn
法律顾问：北京市兰台律师事务所龚柳方律师

印　　刷：三河市嵩川印刷有限公司
装　　订：三河市嵩川印刷有限公司
本书如有破损、缺页、装订错误，请与本社联系调换，电话：010–63131930

开　　本：170mm×240mm
字　　数：160 千字　　　　　　　　　印　　张：9
版　　次：2012 年 6 月第 1 版　　　　印　　次：2025 年 4 月第 4 次印刷
书　　号：ISBN 978-7-5112-2383-8–02
定　　价：35.00 元

乌 龟 的 话

最要紧的是：做真实的自我！

——威廉·莎士比亚

几年之前，我出现了甲状腺功能失调的症状，感觉到自己精力不足，直到有一天，我变得疲惫不堪，就连在屋里稍微走动都感到筋疲力尽。我的工作受到影响，我的房子变成一团糟，更糟糕的是，我甚至没有任何力气来体会任何快乐。我太累了，根本无法体验任何情绪上的波动！

哪怕是思考都会让我筋疲力尽。我的思维变得缓慢呆滞，有时甚至变得失常。后来，在头脑清醒之时，自己就会意识到，在过去某个时候，自己因为反应缓慢而说了错话。但是假若当时自己尚存些许精力的话，也一定会将这些精力用来难过和沮丧。

在针灸师和医生的帮助下，我体内的新陈代谢又重新达到平衡，大脑也逐渐开始重新正常运作，这种体会让我陶醉不已。现在我不怎么费力都能同时做多件事情，让我都不由得开始钦佩自己。我的大脑现在能够同时思考这件事情、那件事情，甚至还包括别的事情，也不用像以前一样逼迫自己去思考。一切都变得无比自然。虽然女性以能够同时着手做多件事情而著称，但是当我真的做到这点的时候，也不禁为人类聪明的大脑和自己强大的能力倍感骄傲。

我刚开始的时候几乎都迷失自我了……至少我的感官不复存在了。原来那个自己总能倚靠的"我"已经丧失了正常的功能，那个积极能干、奋勇上进的"我"已经了无踪迹。我日夜煎熬，度日如年。就寝前疲惫憔悴，醒来时筋疲力尽。而就在这个绝望的时刻，我开始学会欣赏自我。

其实这种体验在我年幼的时候就已经有了萌芽。在我小的时候，家人把我托付给他人照顾。可是那些人却对我百般折磨，使我身体上、精神上、生理上和心理上都备受煎熬。可是我的父母却毫不知情，他们并不知道自己的女儿被他人整整折磨了好几年。

但是我的精神却没有被打败。不知是什么原因，我所经历的艰难险阻却让我得以触碰内心深处的那个真实的自我，并获取一种内在的力量。不管当时的环境有多么艰难，我的内心深处都有一种绝对存在且不可动摇的东西，这种东西得以完整地保留下来。即使在我感到无比孤独，感到被世界遗弃的时候，总还会有一丝安慰温暖我心扉。

在被灾难袭击之后，我们必须进行灾后重建。也许，意外事故或是健康状况会从某种程度上改变我们，但是，无论在何种情况下，我们仍然拥有内心深处真实的自我，我们也仍然能够利用内心深处这一永恒不变的力量。对上述观点的认识至关重要。当我染上伤寒的时候，我决定迎难而上，有力气的时候就做些事情，没有力气的时候就坐下休息。在那些自己身体孱弱的日子里，居然还能够在园子里连续干活几个小时，有时还能进行写作，就好像我的内心特地让我生一场大病，因为它一直企盼着自己能够从事这些创造性活动。

虽然我年幼时所经受的创伤和我最近得的一场大病都给我带来了许多困难，但是我却对自己的这两次遭遇感激不尽，因为这些困难激励着我，让我在感情上得以升华，进入一个安谧恬静、充满信心的境界。在每个人的内心深处，都有一口力量与智慧之井，借助这口井，我们就能够直面并克服自己原来无法想象的一切艰难险阻。即使是在最艰难的时期，我们也能够找到自己所需要的东西，从而不但得以生存，而且能够走向兴盛。这里的关键首先在于自我审视。在我们的内心深处，蕴藏着知识、智慧和克服难关的良方。请认真地将你内心的这些金子挖掘出来，从而展现出你最伟大的一面。这才是最为宝贵的财富啊！

现在，我很容易就能感到快乐。我和我移动的家——我"背上的壳"，就是我想要的一切。而其余的东西，我们在接下来的历险经历中就能获得！

一个人找到自己的时候，便攫取了灵魂的精华。

——克劳德·M.布里斯托

　　在我年幼时助我渡过难关的内心力量，在后来激励着我从事我现在的职业，去帮助、指引他人通过艰苦奋斗渡过难关。我不仅帮助我的客户解决目前的难题，而且也帮助他们抚慰童年时代留下的创伤。我非常高兴，自己能够帮助他人获得康复，并为此深感骄傲。

　　曾经有人想与我分享一下我的理念。与失意者相处的经验让我相信我的这些理念能够帮助那些想要活出真我人生的人。很多人都曾经历过艰难险阻，这些困难却能教导他们如何更好地欣赏自我。而对于那些向来一帆风顺的人，我希望能够借此书转移他们的视线，引领他们去深入地感受自我、欣赏自我，而不至于在摔跤之后才从痛苦中学习。如果他们现在就能学会欣赏自我，或许他们就能防患于未然，而不至于在未来踏上痛苦的历程。当该说的都说了，该做的都做了时，如果你已经找到真正的自我，那么"还真不错"！

假如我失去世界上所有的朋友，
我至少仍然还有一个朋友，
而那个朋友就活在我的心中。

——亚伯拉罕·林肯

目　录

无论你是谁，
无论你在哪，
无论你的生活中发生什么事情，
这就是你要做的事情……
回归吧……
回归真实的自我。

第 1 章

你拥有你自己

你所追寻的机遇在你自己身上。
机遇不在于你所处的环境，
也不在于运气、机会，或是他人的帮助，
仅在你自己身上。

——奥里森·斯维特·马登

无论你的生活经历如何，无论你曾经遇到过什么挑战、什么艰险，总有一样东西是永恒不变的，是你能够始终依靠的，也是你力量的不竭源泉，这就是你拥有你自己！你必须带着自己的资源，如同乌龟扛着自己的外壳。不管发生什么事情，你内心的力量不仅能够让你生存下去，而且能够让你迈向繁荣之路。

当一位名叫艾伦·拉斯顿，来自美国科罗拉多州阿斯彭市的远足者被夹在两块巨石当中时，他毅然割断胳膊成功逃生。他这么做的原因就是对生命的渴求。他并没有惧怕割断手臂这一可怕的事实，而是展望等待着他的未来快乐生活。27岁的他选择的是生命。

当婚姻结束时，当爱人逝去时，或者其他重大事件突如其来，完全改变了我们的生活的时候，我们的底线就是：至少还可以求助自我、依靠自我。无论是艰难险阻还是幸福快乐，总会有个人自始至终守候在你身边。即使是在平平淡淡的日子里，这个人也不曾离去，那么此人又是谁呢？就是你自己！如果你能够学会欣赏独特的自我，并不断地改进、完善自我，那么你将获得一份珍宝。总而言之，我们中大多说人都已经认识到：接受自己、欣赏自己大有裨益，而"乌龟的智慧"将帮助我们深化这一认识。

乌龟将壳扛在背上，它可以选择什么时候躲在壳里，什么时候将脑袋伸出来。每天，我们都面临着各种选择——可以选择生活在恐惧当中，也可以选择生活在信念之中。生活是不确定的，人间世事皆在变化，人们也可能会离你而去，但是有一件事是永恒的：你自己总是留守在那里。假如你以自己、信仰以及对世界的贡献为基础，编织一张错综复杂的安全网，那么你永远都是安全的。假如你的思想、言论和行为都是诚挚的，那么你一定不会感到失

望。假如你把精神源泉作为生活的支柱，那么不管这种源泉以什么方式赐予你力量，你都永远不会感到孤独。

人们会把自己的信仰和信任置于许多事情之上。他们可以从金钱、他人的爱、职业或是其他表面上的荣耀来获取安全感。然而，所有这些事情都在不断变化。

没有任何外界的东西会百分百地支持你或是爱护你，只有一种东西是你能够彻底依赖和相信的，那就是你自己。

为什么要在别人，而不是自己身上培养安全感呢？为什么不去关爱自己呢？不要再在这个"冷漠、残酷的世界"里寻找安全感了！快把时间花在建立你这辈子最重要的关系——你与自己的关系上吧！去创造你所需要的柔情、支持和安全感吧！

正如一只乌龟，你将你的智慧扛在背上。古话说得好："无论走到哪里，你永远都不离自己左右！"无论发生什么，你都拥有你自己！

第 2 章

你是谁

　　你必须从你所处的位置开始寻找，值得庆幸的是你并不需要找得很远！至少，你知道自己身在何处。往前走，你就在那！往后退，你还在那！转身、转身、转身，哎呀，还是你！有时，生活就像这样——我们东奔西走，渴望逃离自己，然而每次峰回路转时，我们总在那儿，凝望着自己。

　　停下吧！仔细看一看！评估一下你是如何对待生活的。你觉得自己的生活舒适吗？早晨独自醒来之时感到惬意吗？独自一人之时觉得快乐吗？请与自己达成协议，去欣赏你所喜爱的地方，去改进你试图改变的地方。请完善你生命的核心——正是这种本质的东西能够让你真正表达你与众不同的才华天赋。请将这种本质的东西融入你的生活。你是如何影响身边的人？你对世界做出的贡献是什么？你在地球上留下的脚印又是什么？

生活不仅仅意味着职业与金钱，生活意味着你作为一个人的发展历程。你是否给自己带来了更多满足感，更多欢乐与关爱？请更加全面和深刻地感受你的生活，理智地选择如何度过此生。请为生活之机遇而心怀感激吧！

你不妨止步，在此刻停留。将你平常放在宝贵的人或物上的时间和精力转而投到自己身上，真实地去感受自我。你就是一颗天然的钻石。请加深你对本色自我和未来发展的认识吧！请享受这一过程，并为你闪烁的光芒而欢心庆祝……你就是那颗炫目的宝石！

进行身体评估

让我们首先从身体开始吧。你多久做一次身体评估呢？我问的并不是你多久照一次镜子，看看自己是否需要光顾美发店，或者是否又添了一道皱纹；也不是你穿衣的时候，照着穿衣镜打量效果如何。

你是否曾经关注过自己身体的感受？你是否仅能够感受到身体的某些部位，却感受不到其他部位？你是否感到身体有些部位之间的连接十分和谐，但是其他一些部位却产生不适呢？你生命力是否能够完整自如地穿梭于你的身体中呢？

请花些时间坐在一处安静的地方，仔细地审视自己。将自己从头到脚慢慢地观察一遍。哪里

感到紧张、压力或是疼痛？哪里觉得堵塞，或是麻木？只需观察即可，不要妄下定论，那么你就能够学到一些对自己的健康很重要的东西。

只有首先发现问题，才能解决问题。在熙熙攘攘的都市生活里，有些人患了疾病，却没有寻求医治，因为他们并不关注自己的身体，无法接收身体发出的警告。有些时候，仅仅去关注身体某些部位所出现的不适，就能够减轻疼痛症状，因为当我们发现自己身体某个部位麻痹了，我们就能够为之注入生命力。也许你的身体有些部位现在正在呼唤你的注意！

探索内心世界

现在，让我们到你的内心深处探索一番！请首先阅读以下内容，然后闭上眼睛，开始冥想。

请深呼吸！放松！将注意力集中到自己身上，让所有外界影响消失。请将注意力集中到内心……

想象一条延伸至远方的道路，道路蜿蜒曲折。请观察道路周边是否有什么色彩。这是一条豪华精致、充满生机的道路吗？路边有野花吗？还是一条了无生机、呆板干燥的棕色道路？请观察你脑里所出现的画面。如果你看不到任何画面，那么就去观察你所能感受到的东西，或者观察接下来几分钟内你所能想象到的东西。

你看到道路远方出现动静。你满怀期待地注视着，因为你知道，正在逼近的物体是至关重要的——你全身上下每个细胞都知道这点。沙沙声越来越近，你也越来越迫不及待。向你靠近的究竟是什么？

这种有趣的东西越来越近，越来越近……最后，你看到一束微光。这束光似曾相识，却难以记清。似乎这既是你所熟悉的东西，同时又陌生而新鲜。

这幅图变得更为清晰，你将惊讶地发现，自己所凝视的是世界上最神奇的东西，就是你自己！你在这条道路上遇见了自己。你来来去去，最后还是遇上了——自己！这就是两个你——你和另一个"你"！

你看见什么了呢？请认真地观察他，仔细地关注他的每个细节。

你感觉怎么样？你对这个人有什么感觉？他是快乐的，还是悲伤的？是满足的，还是不安的？是疲惫的，还是振奋的？你喜欢他吗？

你是否觉得自己能够立刻与他产生共鸣，还是需要一些时间来逐渐了解他？

当你在路上看到这个旅行者的时候，你是否能够和他一起交谈，一起欢笑，结成朋友呢？你能够和他共同坐下来喝杯茶吗？反之，你是否对自己的形象感到厌恶，将之推到别处、关在门外，或是对之漠不关心？请如实地完成这项评估，因为这很重要。

对自我的了解将影响到你的每次旅途以及你所选择的每条道路。你的自我意识将激活、带动你的每次呼吸，而正是这些呼吸支撑着你的生命。自我意识是你所有行动的根基所在。倘若我们尚未进行自我观察，自我评估，我们又该如何了解内心深处那个真实的自我呢？倘若我们无法了解真实的自我，我们又如何发展与自我的关系呢？我们必须像照顾神圣的花园一样关注自我、滋润自我，这样心中的自我才能不断地发展壮大。进步是生活的本质所在。我们在生活中渴求进一步地拓展和表达自我，去拥有更多，去体验更多……

那么，请与你在路途中遇到的那个"我"共同坐下，交流一番。请记录下相遇的过程，并在未来的几天内加以冥思。这就是我们旅程的出发点。

地球学校：你学习的课程有哪些

我们在地球上的生活就是一个高等的学习历程。同一般意义的学校一样，我们要上一些必修课。我们别无选择，总是会遇到这些情况，不得不学习这些课程。而有些人就把所有精力都投入到这些必修课中去。

那么对于那些能够改变你的追求方向的机遇，你又是如何对待的呢？你是否积极地把握这些机会呢？你是否主动追寻更多的机遇呢？

你的内心想要什么？你的灵魂渴求什么？你只有大胆地探索并追求这些愿望，才对得起自己，才对得起你所渴望的东西。我们中有些人活着就是为了满足他人的需求，履行相应的责任，做那些我们认为"必须"做的事情，而根本没有留下时间来考虑个人需求。我们的生活作息表都被这些责任义务填满了，而没有留下任何闲暇来享受自己的选修课！如果你继续牺牲自己成全他人，弃自己内心的激情于不顾，那么你将变得干涸枯竭，受到责任义务的束缚。

你的希望是什么？你生活的方向是什么？你想要什么样的经历？什么能让你感到高兴？你是否有什么内心的渴求？将这些理想融入

9

生活，让它们与生活的义务达到平衡。当你从事那些你所喜爱的事情，你就为自己带来了源源不断的激情与活力，因为这正是你所想做的事情，同时你的快乐也将影响到你周围的人。

当你为生活设定了适合自己的重心，这个世界将为你呈现出大量的机遇。你将会有时间去上法语课，或是省下足够的钱去实现你梦寐以求的海上巡游。

你是由你的生活所创造的。请投入你的时间、精力、金钱来创造一件杰作。

目标与意愿：你如何对待生活

目标指的是你所想要的生活经历和成就以及你实现愿望的策略方案。目标以未来为重心。你对自己的时间和精力的安排都是为了实现自己的目标。目标能够为你的生活建立一个框架，而一个愿望的实现就能引领下一个愿望的实现。

意愿与你内心深处最为核心的价值观有关，也和你在生活中如何恪守这些价值观有关。你的意愿就是你在这个世界上想要的生活方式。意愿受到态度和信仰的影响，意愿关注的是当前。无论你发现与否，你每天的生活都是为了实现你的意愿。在压力重重、困难降临的时候，意愿能够帮助你将注意力集中到真正重要的事情上来，而不计结局将会怎样。意愿能够有助于你在内心开拓一块静谧的天地，而丝毫不受外界动荡的影响。当你活出真实自我的时候，你的任何经历都将成为你生活中一个不可或缺的部分、一次富有意义的探险、一个积极表达自我的契机。衡量生活最重要的尺度并不是孜孜于为自己预设目标，而是真实地对待自我。

请认识到意愿将有助于你更好地实现目标，因为对意愿的关注将能够让你更为优雅从容地应对生活的变化。

值得考虑的几个简短例子

目标：找到一份我所心仪的工作，并获得合理的薪金。

 意愿：抓住任何机会，展示我独特的才干。尽可能地提升自我。知道我的贡献是宝贵的，我拥有多方面的才能，并认识到我应该因自己的贡献获得相应的报酬。

目标：获得一位同伴。

 意愿：无论做什么，无论遇见谁，都要充满爱心。在生活中更多地向他人表达爱意。

目标：解决孩子的问题。

 意愿：镇定、乐观，为孩子提供精神上的帮助，而不去想象某种特定的结局。

11

如果你愿意，可以列出你的目标与意愿清单。

如果你能够将自己看作是最重要的资产，那会怎么样呢？你将能够赚更多的钱，购置一处新居，甚至重建或改变你与他人的关系。你永远无法逃脱的那个人就是你自己。在任何峰回路转、艰难险阻，或是快乐征途中，你都陪伴自己左右。无论何时何地——高峰、低谷、平原——你都是自己所要面对的那个人。你是始终如一、永恒不变的。

那么，倘若你能够真正地珍视这个与你共享躯体、同迈步伐，并拥有相同旅程的人；倘若你能够对待自己如同对待最为珍贵的宝藏；倘若你能够认识到自己是这个世界的一份珍贵独特的礼物；倘若你能够庆贺自己的成功并享受成功带来的充实感；倘若你能够在艰难险阻来袭的时候，仍然对自己充满对待儿童般的耐心而不弃不舍；倘若你能够真正地欣赏"自我"；倘若你每天早晨醒来的时候都能以歌唱表达对生活的感激之情，并对当天将要发生的事情充满期待，那么你的生活将会怎样呢？

第 3 章

除了你，没有人能做到

命运并不是一种机遇，而是一种选择；
不是等来的，而是奋斗来的。

——无名氏

每个人都是通过自我创造出来的，然而只有
成功人士才会承认这点。

——无名氏

不管你对生活做出什么决定，你是唯一的决定者，没有任何其他人能够帮你做决定。然而我们中有些人就像是行尸走肉一般，浑浑噩噩地度过一生，步履艰难地徘徊于世间。他们根本没有做出任何选择，也无法过上满足的生活。他们无法感受到人生阅历的充实感，人际关系的丰富多彩，或是取得成就的愉悦感。他们越来越麻木不仁，也因此无法真实全面地感受人生。

你是否曾经遇见过一些从死亡线上挣扎回来的人呢？曾经死里逃生的人，通常会比常人更充满对生活的感恩之心，更能享受那些被我们平常人所忽略的生活之美。所以我希望我们中更多的人能够发现生活赐予我们的大量厚礼，提升我们的集体意识，成就更加辉煌的伟业。

我们首先可以想象大家共同坐在地上，带着对地球的崇拜尊敬之情，体会身下的大地母亲。我们与生俱来的同大自然之间的联系赐予我们一种高效、通行的方法，来增强我们同地球之间的联系。人类这种精神实体，能够以物理实体的方式生存在地球上，背后一定有其缘由。而实现自己同大自然的完美结合，就能帮助我们更好地了解自身。当我们建立起一个坚实的生活基础时，这个基础就能够为我们所做的一切事情提供强有力的支持。

泥团

当你还是孩童的时候，你是否玩过泥土？让我从泥土开始说起。你是否每天都会花些时间来感受你脚下的土地？我知道这个问题似乎听起来有些荒唐，但是我是认真严肃的。有些人每日疲于奔命，忙得不可开交，只有到晚上的时候才躺下来休息。他们居然还存在于世间，真是个奇迹——这可要归功于万有引力！我在这里建议一种活动，能够增强你和地球的联系，也能够为你提供一个更牢固的根基。

这种活动最好是在户外进行，这样你就可以牢牢地站在地上。如果天气恶劣或是其他特殊情况导致你无法出门的话，你可以在室内进行这项活动，并想象自己脚下踩着大地。

请牢牢地站在户外的地面上，用心观察、体会脚下的地面是如何支撑着你……放开身心，用心体会从脚底到大腿，再往上传递抵达全身各个部位的感觉。许多人的感觉是些许颤抖、一阵能量或仅仅是一股暖流。你将会感到惊讶，不过不要去期待什么，只需体会即可。

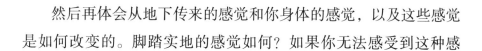

现在想象细小的根茎从你的脚下长出来，然后延伸到地下，根茎越长越大，越长越深，最后变成一颗主茎，安全、牢固地将你固定在这个地球上……让你牢牢地站立在地球上。

然后再体会从地下传来的感觉和你身体的感觉，以及这些感觉是如何改变的。脚踏实地的感觉如何？如果你无法感受到这种感

15

觉,那么请想象这种感觉。你能够感受到这些根茎为你传送来的能量之源吗?

请认识到你连接着,也扎根于地球,而正是通过这些联系,你才能在日常生活中获取支持。与树一样,你获得营养的滋润。请关注这种自然的能量来源,并清楚地意识到这将为你提供一个更为稳固牢靠的基础,从而提高你的生活效率和质量。

请连续一周尝试这种方法,并观察你的每一天变得怎么样了。

我将自己托付给大地，

大地将自己托付给我。

——一行禅师

追求理想之时，要如同一棵树，

站得牢，抓得紧，向上延伸，

随天国之风摇摆，并学会安详静谧。

——献给树之父理查德·圣巴布·贝克

你拥有你自己！

每日都能看
见阳光！

第 4 章

你花园里的植物长得怎样

看到园艺家们浇灌出别具一格的植物，

我发誓要重拾古老的园艺之道，

让我的花草彰显我的特色。

——罗伯特·艾特肯

　　我们的生活就像是美丽的风景线——内容丰富、色彩斑斓。人们在如何选择种植、浇灌、培养自己的花草方面各有所好。花园里可能有些被忽略的地皮，急需水的滋润、肥料的滋养。这些地皮上杂草丛生、植被蓬乱、残骸散布。其他地方却美丽壮观、色彩纷呈、活力四射，因为这些地方得到悉心照料。一些花园精致高雅，点缀着奇花异草，而另外一些花园却杂草丛生，环境恶劣。那么你又是如何培育你的"生活"的呢？请到你

自己的"花园"里走一圈,评估一下花园里有些什么。

你是否曾经见到过想成为水仙花的

太阳花呢?

请观察你在花园里所能看到的东西。如实地评估你自己和你的生活。关注你不同的变化,以及你的本质特征。请牢记,应该认真地照顾那些种子,使它们最终能够开花结果。请大胆承认那些花园里尚未具备、需要添加的东西。开发你的潜能,这样你就能够更好地表达真实的自我。接受你当前的境地——并展望你的未来。正如你享受公园漫步一般,请认识到自己的重要性以及自己所拥有的人生阅历。知道每件事情都是完整的你的一部分。请欣赏当前的你。

认识并接受
真实的自我之美。
乌龟的智慧

你属于这里！你的出生并不是错误。你是如此的珍贵而独特，没有任何其他人能和你一样。你能为这个世界所做的贡献是他人所无法企及的；而如果没有你，那么这个世界就会出现一块空缺。

我们必须相信天生我才必有用，

无论如何，我们都必须找到自己的独特之处。

——居里夫人

当你开始利用而非怀疑自己的天分之时，

你将能够实现目标。

——韦恩·代尔

你就是上天旨意的一部分。通过各种方式获取宇宙能量——即生命之动力，是你与生俱来的权利，你可以通过自己独特的经历来利用这一能量进行创造，这是你与生俱来的权利。

当你发现这一自然的馈赠之后，每一刻都变得弥足珍贵。每一次经历集合起来就构成整体的伟大的你，没有任何事情是微不足道的。请接受你在生命周期中所处的位置，并认识到你的后花园的价值，因为这将让你更珍视自己的每一天，哪怕仅仅是平淡的一天。即便是去杂货店买东西都将变成一趟历险！你永远都不会知道自己会遇见谁，或是看到谁。这些都是生命中重要的一个部分！

设计你的风景线

你可以选择任你的花园自由、混乱地生长，也可以选择将其精雕细琢成为一道美丽的风景线，当然你还有其他的选择。并没有一个放之天下皆标准的选择。你可以选择如何设计你的生活，你也可以创造属于自己的花园。

耕耘土地——准备工作

首先，请认识到在你身上有一种巨大的力量，这股力量渴求表达个性的自我，而你的生活也将随着你的个人阅历而舒展开来。所有发生的事情都有其缘由。正如植物秋天枯萎、春天萌芽都是生命周期的一个部分，你的各种经历也都自然会为生活做贡献。这些经历既包括挑战，也包括成功；既包括艰险，也包括快乐；既包括积极的生长，也包括静静的休憩……在任何时刻，都应该透过表面现象来挖掘更为深刻的内涵。

你与生命之源之间有着某种联系——
假如没有这种联系的话，你就不会仍然活
于世间！在这一生命之源里有着许多深刻
的见解与智慧。请认识到你能够获得生命
之源的指引，并根据这种内在的联系本能
地知道应该如何生活、成长。请相信
这种深刻的领悟，因为这一领悟能够
给你提供支持与指引。

当我们学会相信自己的直觉的时候，
我们就能为一种富有创意的自我表达方式
准备好一片沃土。

乌龟的智慧

我们通过自我就能够学会如何获得知
识与智慧。请珍惜那些你能够毫无疑问地
判断是非的时刻吧，那是因为你强大的直
觉正在引导你做出正确的判断……请学习
如何认识和使用你所拥有的直觉，它将引
领你迈向新的征途。请勇敢地迎接挑战，
并让好奇之心带着你去尝试新事物。请勇
于表达自我，并为发现自我而欣喜！当我们重视自己的直觉，并将
之与内心的智慧完美地融合在一起的时候，我们就能够将自我怀疑
和自我贬低的废墟瓦砾小心地搬走，就像是为心灵的收割耕耘土地。

23

种植——有意识的选择

在你的内心深处，有许多潜能的种子，这些种子代表着你的不同之处。有意识的生活方式能够让我们选择一种真实自我的生活方式。有意识的选择能够让你通过选择你想要"种植的植物"，而创造出独特的生活阅历。

如果我们仅仅关注失败，我们将永远无法取得胜利。孤立无法培养关爱，挥霍无度无法实现繁荣富足。请认识到你的想法、你的话语以及你的行动都将影响到你的生活。请仔细地观察自我，探索你真正的渴求所在。在生活中实现你的意愿（请参阅本书第 2 章：你是谁）。

有意识地活着
让你在真实自我的基础上
创建一个属于自己的生活方式。
乌龟的智慧

请认识到你内心深处那些种子的弥足珍贵，这些种子正在发芽，将长成幼苗，最后变成苗壮的大树，并开出美丽的花朵。请忘记那些阻碍你发挥潜力的指责和批评，请了解并接受内心崭新的自我，给予自己充足的时间和空间，最终迈向成熟。

说想说的话。请对自己的思想、言行负全部责任……如果你说了不该说的话，或是做了不该做的事情，那么就应该在事后加以补救，或者至少减弱事情的负面影响。同时，你应该知道，你也有能力去影响他人有对你的言行。(请参阅本书第 8 章：艰难时期，获得该话题的更多讨论)

让言语和行动出自淳朴的心灵，

快乐将流淌心间。

狂风无法刮倒山脉，

犹如诱惑无法动摇清醒、坚定、谦逊的头脑。

让心中充满渴望。

去明辨是非曲直。

关注你的内心，

追随你自然的一面。

你领悟真理之时，内心将找到平静。

——佛陀

请小心，关注房间里的"振幅"现象，观察你的言行是如何影响到他人的，而他人的言行又是如何影响到你的。除了言语，还有什么会影响到你和他人的互动吗？有些时候，别人的话在你听来却含有别的意思，因为除了说话内容，还有其他因素会影响到听者的反应。比如说，说话者可能想法和言语并不一致，或是想着一件事，却提及另一件事。假如人们在交流

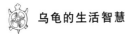

的时候出现自相矛盾，他们的言语就可能有悖于事实。请审视一下你与他人的交流方式。当你的言语能够真正透露心声的时候，你将发现一个充满能量的游乐场。

请关注你身边的各种能量，并且为你和他人的共振而欣喜。请关注你身边的各种共振关系。我们通常都会因为自我限制而无法看到整体的画面，但是假如我们能够敞开胸怀，关注周围的所有事物，那么我们的视野将大大拓宽。当你关注到这些不同形式的能量的时候，你就能够注意到它们是如何影响你以及你的生活经历的。请努力增强你的洞察力，以便更好地关注身边发生的各种性质的互动关系。当你意识到这种微妙关系的时候，你就能够有意识地应对并控制局势。而当你能够主动观察并利用这种互动能量的时候，你将能够极大地改善你的人际关系。

立起你的稻草人——建立一道安全网

不要让这些"乌鸦"把你的庄稼吃了。请学会保护自我，这样你就能够获得属于自己的丰收。你就是那个创建你的安全网的人。

 你感到安全吗，还是觉得这个世界充满了险恶？

你是否能够跟得上生活的节奏？

 你是否能够掌控自己的生活，还是觉得别人入侵了你的个人空间，使你感到愤怒？

 你是否拥有个人空间呢？

请想一想你应该做些什么事情，从而获得更多的安全感。学会如何获得永久可靠的安全感，然后，不管情况如何变化，不管世事如何变迁，你总能够在内心找到一种安全的感觉。请在自己能力的基础上培养一种认知，从而从容地面对生活的各种变迁。请提升内心的安全指数，而不应该依赖于一些外界因素来寻求安全感，因为这些外界因素也许会消失得无影无踪。

 我们需要学习如何从生理、心理、情感、能量上重重保护自我。

 你是否曾经和某个人在一起的时候感觉尤其费劲？

 你是否每次和某个人在一起的时候都倍感疲惫？

在你的生活中是否有些人每次在危急之时都会求助于你，不仅需要你的支持，而且希望你能够帮助他解决问题。

能量的泄漏和消耗有各种指标。有时，给予他人大力支持是正确的，就像是悉心照料你病重的孩子一样，但有时候并不尽然。每天都将同事扛在肩上，为他们排忧解难，这很可能就是对你的能量的不当使用！这里最重要的一点就是要辨别什么才是对能量的正确使用，这样就可以阻止自己的能量出现任何不必要的泄漏，并增强你的个人活力。另外，你可以选择何时以及与谁共享你的能量，但也应该知道要在什么情况下切断不必要的能量外泄。

当今世界，我们的当务之急就是创建一种健康的生活方式，这样我们就能够更有意识地释放及吸收能量。无论生活中发生什么事情，我们都应该加以应对，从中吸取教训，并认识到其影响。这样，我们真正的自我核心在不断发展的同时仍然能够保持完整。

有些人或有些事可能会影响我们，却不能够塑造我们。我们应该合理地使用外部能量，从而促进自我核心的成长。

我们真正的自我核心在不断发展的同时

仍然能够保持完整。

乌龟的智慧

正如强大的振动净化器一样，我们可以学习如何整理并过滤掉任何不一致的元素。我们还可以学习如何将负面的东西转变得更美好、更有意义。而这种转变提高的能源能够积极改变我们周边的环境。当我们改变这些互动的性质的时候，这些互动就能够积极促成我们身边各种物质的改变。这种有效的做法能够影响到我们自身与我们的人际关系，并最终影响到我们所在的地球。真有趣！这样，我们每个人，都可以通过自己，对世界的现状产生积极、重大的影响。

要想掌握这一技能，可以寻求老师或导师的单独指导，当然，也可以阅读相关的书籍，从中获得帮助。

浇灌——丰富你的生活

我们需要恢复活力。不断地消耗能量而没有任何补充将使我们变得匮乏、枯竭。什么会耗尽你的能量？对一个人而言压力重重的形势，也许对他人而言就变得刺激、振奋人心，而且充满希望。请观察究竟是什么耗尽了你的能量，并积极寻求补充损耗能量的途径，从而实现活力的平衡，并在最大程度上降低能力损耗的不良影响。

有什么能像酷暑中的一杯冰水那样使人恢复元气？对一些人来说，只要回到大自然的怀抱，例如坐在树下，或是在海洋中畅游，就能够获得滋养。而另外一些人可能会选择去尽情跳舞或是欢笑，置一切烦恼于脑后。无论是洗一个热水澡、看一本好书，还是吃一顿大餐，请尽情享受一番自己最喜爱的简单而甜蜜的乐趣吧，从而保持你充沛的活力，并能够积极应对生活的各种可能。（见本书第6章：当下的力量，学习实用技巧）

　　你不能永远仅仅给予而无所收获。这是神圣规则、普遍定律。即使是最耐旱的植物也需要水的浇灌。往往最为娇嫩的花朵更需要每日的精心呵护。你必须花时间来为自己充电。你必须将自己与个人需要作为生活的首要中心。你不能只是不断付出、付出、再付出，否则，即使你有再强壮的身体也会最终耗尽体力。

拔掉杂草——清除生活垃圾

　　我们需要明确生活中的碎片，因为我们应该去除生活中不再有用的东西，从而为有用的东西创造呼吸的空间，清除杂草也能有助于我们创造新的成长方式。

　　一些杂草的生命力极强，甚至需要一点一点地挖出来。其他杂草比较容易去除，一场绵长的春雨之后就能够完全除去。这些杂草容易去除，可以将其连根拔掉，并且它们很快就会被人们遗忘。

　　还有一些杂草非常顽固不化。在我家的前院里有一个装满土的大桶，不管我清理得多勤快，桶里的杂草似乎总比鲜花要多。所以，我在桶上覆盖了一层黑色塑料，并将桶放在太阳下烘烤，不让它获得任何雨水的滋润，并且一年多来都置之不理。最后，当我揭去塑料发现这只桶的时候，似乎杂草已经消失了，但是在很短的时间内，它们又从休眠的土壤中生长出来。所以，我不得不将这些杂草连根拔起，从而为我想要种的植物腾出空间。老实说，我其实也可以不管这些杂草，大方地把这一小块地盘赐予它们，但是我却不能那么做，这是因为这些杂草的入侵性非常强，若置之不理，它们将会占据整个院子。

那么有关我们个人的"杂草"就有一个重要的问题要考虑。是什么在你的花园里面猖獗？有什么潜伏在表面下的东西是你企图掩盖的？忽视老问题或是旧伤口而不去解决它们，并不能将它们赶走。一有机会，它们就可能发芽，并再次出现在你的生活当中。找到这些令人讨厌的杂草，并轻轻地将它们连根拔去，才是彻底解决这些问题的良方。

每一位园丁都知道，

总会有杂草需要清除。

所以，请将除草作为你日常生活中的一个部分。

请找出对生活有害无利的东西，

并适当地处置它们。

请打开你的花园，

让你在阳光的照射下茁壮成长。

乌龟的智慧

杂草和良种

一个人认为的杂草，在另一个人看来很可能是良种。曾经有人在看到我的花园的时候，说："噢，那儿有棵杂草！"但是对我而言，那是一朵美丽的花朵。我的园丁告诉我，一些植物，在某些地方被认为是有害的杂草，而到了别处，却被当作鲜花出售。大自然的四季变迁能够告知各种植物它们的休息时节，从而确保它们不会无限生长。

而我们的工作就是要把那些劣质不良的种子从那些积极优良的种子中区分出来……当你感到忧虑、担心、不安和害怕的时候，假如你能够思考一下这些负面情绪到底是否必要，这将对你大有裨益。这些负面情绪是否是你从小就有的一种习惯呢？你真的有必要如此悲观吗？

　　例如，许多被郁郁寡欢的父母养大的人，他们的父母总是为金钱担忧，并且储存大量的罐头食物和手纸"以防万一"。这样的孩子长大以后，即使事业有成、入大于出，仍然会为金钱而忧心忡忡。

　　我们说"家庭起源"是有原因的——我们的许多早期特征都是源于家庭的，但是也许有许多幼年时期，甚至包括成年时期的态度、信仰及观念现在已经不复存在了。

　　当任何情况出现的时候，请首先思考一下这些焦急或忧虑的情绪究竟是否有裨益。如果不及时清理这些负面情绪，那么它们就可能是你未来成长的祸根。

 当你审视自己的困难之时，你能够得到什么领悟吗？

 这些负面情绪是否曾经给你带来任何裨益？

 这些负面情绪现在对你是否有益？

 你应该如何改善形势？如何纠正问题？

这些负面情绪又将如何有助于你在未来的发展呢?

反之,当你发现这种焦虑感既与你的外表并不相符,也与你的信仰背道而驰,但是却偏偏存在的时候,你应该到你的内心去寻找其根源。找到这棵杂草之后,请将它连根拔掉,不再让它扼杀你的活力、阻碍你的发展,同时这样做也能为你的花园腾出新的空间。

这种除草工作并不是一劳永逸的!随着你辛勤地除去一根根莠草,你就能够把精力集中到富有意义的事情上来,从而最大限度地促成你的繁荣发展。

**一个美国本土故事讲述了
一位祖父教导孙子的故事。**

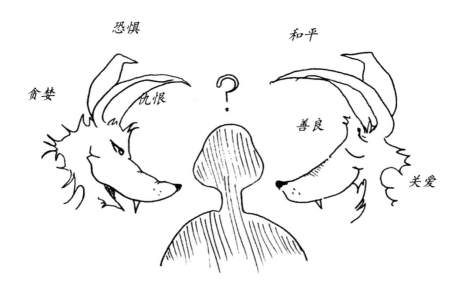

祖父告诉孙子他的心中

有两只狼在互相争斗。

第一只狼代表着善良、和平与关爱，

而第二只狼代表着贪婪、恐惧与仇恨。

孙子睁大眼睛问道："祖父，到底哪只狼会赢呢？"

祖父机智地回答："我给哪只食物，哪只就赢。"

施肥——"老的粪便"能够变成上等化肥

生活就像是摄影一样……我们应该用底片来冲洗照片。

——哈利·科恩·巴巴

　　我们所获得的生活阅历，我们所经历的历练磨难，我们所吸取的经验教训，我们所遭受的痛苦挫折，我们所感到的心碎悲痛，都是我们成长土壤中丰富的养料。

　　如果你发现自己身上有些地方是你所不喜欢的，那么请牢记，你有能力将之改变。反之，当你视困难而不见，假装摆出积极乐观的外表，那么你就失去了从逆境中学习的宝贵机会。我们必须认出哪些是"粪便"。首先，请如实地承认这些"粪便"！然后再变"粪便"为"肥料"变成有用的肥料来滋养自我的新发展。

　　倘若我们能够将自己的过去与经历完美地结合起来，那将会怎样呢？倘若我们能让肥料深深地渗透入土壤中，并珍视过去所有的时光而无论好坏，那又会怎样呢？我们利用这些经历中一切有用的部分，并且从中获益。这些老的，有时甚至"发臭"的东西，就像是丰富的肥料一样，也能够有助于我们充分发挥潜力，迈向繁荣兴盛。

证实：粪便消失了！
粪便化成肥料了！

成长的空间

人们曾经问我："我一直都在试图改进自己，都已经改了不知多少年了，何时才能完成啊？"永远不会完成！（我希望如此!!）只要你还有一口气在，我都希望你能够不断成长、延伸、探索新领域并积极改善自己。当我的儿子还小的时候，我就在他房间的墙上挂满了字幅来提醒他："要有耐心！上帝还没有要结束我的生命呢。"而上帝也还没有要结束你的生命呢！

你是个在不断成长的人，而当你自身发生变化的时候，请善待自己。请明白成长的每个阶段，就如同花园里的花朵一样，都有其价值和意义。请为你的每一种经历而庆贺，而不仅仅为成功而喜悦，因为所有这些经历加起来，就能够让你得以延伸，得以享受太阳的光辉。

你是一朵怒放的美丽花朵！

 相信你自己——请相信你的能力、天赋以及潜能！

 请认识到你擅长的领域以及你必须关注的地方。

 请接受生活中自然的成长历程与发展方式，能够有助于你成为真实的自我。

 请在每日生活中加入接受、信任与和平的元素，因为你意识到万物存在皆有其原因。

请大胆勇敢地展示你真实的一面——
请真实诚恳地表达自我！
当你向外部世界敞开胸怀
的时候，虽然这将可能暴露你的弱点，
但也让你受到外部世界的保护。

你是否从不去表达真实的自我？你是否将自己的某些才能埋藏在内心深处？如果能把你的才智从内心深处拿出来，扫除灰尘，从此活出真实的自我，那么你的生活又将变得怎样呢？我们总是用自己的想象来限制自我，而事实上你比你所知道的要强大得多！你拥有一个摆满稀有兰花的温室，等待着与世界共享！

请充分认识你有多么珍贵，并学会表达真实的自我。

请与世界分享那个真正的你！请活出真实的自我！

有一天，在保姆前来清扫房间之前，绒毛兔和皮马并肩躺在育婴室的挡泥板边，"什么叫真实？"绒毛兔问了一个问题，"那是指你身体里面有个东西在嗞嗞作响，还是你身上带了根把手吗？"

"真实跟你长的样子没有关系，"皮马说道，"那是某件发生在你身上的事情。当一个小朋友爱了你很久、很久，而且他不只是跟你玩而已，他真的很爱你，于是你就变成真实的了。"

"那样会痛吗？"绒毛兔问。

"有时候会的，"皮马回答，以他一贯的真诚说道，"当你是真实的时候，你不会介意是否会痛。"

"那是一次就发生完毕，就像上了发条一样，"绒毛兔问，"还是一点一点慢慢发生的?"

　　"那不是发生一次就结束的，"皮马说，"要花很长的时间，你才会成为那样。所以说真实不常发生在容易毁坏的人、身上有尖角的人，或是需要悉心照料的人身上。一般说来，当你真实的时候，你大部分的毛发已经脱落、眼珠掉了、关节松垮、衣衫褴褛。可是这些事一点都不要紧，因为一旦当你变得真实的时候，你怎么样都是美的，当然不懂你的人除外。"

——《绒毛兔》

　　　　凡事都有定期，

　　　　天下万物都有定时。

　　　　生有时，死有时。

　　　　栽种有时，

　　　　拔出所栽种的，也有时……

——《圣经·传道书》第三章第一节

　　自然界万物皆有其相应的位置。在我们的生态系统中，从最小的草叶到最大的红木，万物都有其相应的位置。我们同外部自然世界一样，都有生命周期。我们应该相信自己成长过程中每个阶段所积累的智慧，正如我们欣赏花园中花朵生长的每个阶段——种子、萌芽、花蕾、花朵、枯萎并最终返回大地。在花园里，万物都有其位置——哪怕只是杂草。

大自然拥有智慧，知道应该在何时适应变化。大自然中有一种力量与韧性是与生俱来且不言自明的。那些穿越岩石生长的树木，从人行道裂缝中长出的杂草就是明证？而我们的脉搏里也跳动着这样的力量与韧性。

在你的身上有一种伟大的东西，其力量如同种子的潜力一般强大。就像一个巨大的花园里有各种各样的植物，你自身也具备多种颜色、形状和质地。请让你的美丽迸发！就像对待种子一样，你必须对自己施肥、浇水、悉心照料，才能得以发展。你必须培养自己的潜力，并且为其开花结果而愉悦。你内在的潜力是你所想象不到的，而你所需要的仅仅是一个适当的环境来茁壮成长。你拥有你自己，你可以成为自己的再生父母、伙伴或是朋友。只要你勇于相信自己，一切皆有可能。

成为土地就是要知道：
种子的骚动不安，
埋入土中的一片漆黑，
为获得阳光的奋斗挣扎，
向阳光生长的痛苦艰辛，
开花结果的欢喜愉悦，
成为他人口中之食的欢喜欣慰，
种子的散播，
时节的更替，
死亡的神秘，

以及出生的奇迹。

——约翰·济慈

你比你所知道的要强大得多！

第 5 章

一个时代的来临：请认识到你所拥有的一切

我过去总是从外部寻找力量与信心，
但是现在我的力量与信心来自内心，
而且是永恒不变的。

——安娜·弗洛伊德

　　我认为恐惧对人们的限制，其程度并不及让人们从心底相信自己不值得被爱、不配拥有幸福或成功那么深。我在想，假如我们从不认为自己在某种程度或情况下还不够优秀的话，假如我们从不认为自己不够聪明、不够有吸引力或不够机智的话，假如我们从不认为自己太这个或是太那个的话，假如我们从未体会过那种转瞬即逝的不安全感，那将会怎样呢？"足够好"到底是什么感觉？你是否在寻求一种对自我感觉的验证呢？你想要的是什么——真正想要的是什么？你知道吗，当一个女人处于某种心境的时候，假如她获得50个恭维和1个批评……那么她听见的会是什么？通常仅仅是那个唯一的批评，而不管这个批评对其是否有利。

当有人给我下评论的时候，我觉得很有必要从自身角度评估一下对方的评论，而这能够给我带来益处。我用自己的过滤器把这些言语、感受和情绪都过滤了一番。他人的见解也许从他的角度而言是正确的，但是在我的眼里来看却是极其无礼的。

有一次在我推行的静修活动中，一名学员称赞我主持的一次冥想活动相当鼓舞人心。但她接着说道："有一次，你说了'但是'，可是你是否意识到，当你说'但是'的时候，你否定了自己先前说的话？"我相信她的评论出于良好的初衷——但是事实是，当我引导他人冥想的时候，我的灵感在不断流动。我不会重新设计这些冥想，或是预先写下脚本。我不能够去审查自己所说的每一个字，因为那将会中断冥想的自然流动与优雅连贯。她的观点对我而言没有什么作用。如果我将她的评价当作批评的话，那么对我自己是毫无益处的。我对她的评价表示感激，因为这使我有机会对他人的负面评估做出正确的评估。如果不是这样的话，也许在别的场合中，我可能就会把类似的评论太放在心里而受到伤害。

我所知道的是，人们只是表达自己的意见而已。他们眼里的画面是经过他们的过滤之后形成的，也仅仅是他们的个人意见罢了。他人的评价并不会变成你的现实。当我们过于寻求他人的评价，并受之影响太深的时候，我们就等于是为那些观点赋权。他们的意见可能会削弱我们的自尊，使我们怀疑自己，而更加不知所措。如果我们让他人之见如此影响自己的话，那么他人就有可能破坏我们真实的自我表达，减少我们的愉悦感，在某些情况下甚至毁灭我们。

如果我们认识到，我们最核心的价值就在自己身上，那么即使我们在犯了错误或不知所措的时候，仍然不会动摇。这些潜在的危险无法导致我们自我意识的流失。我们的边界线是坚固的，却不是密封的，这样我们就能够吸收关键有用的信息，同时将有害无益的影响排除在外。正如淋在乌龟壳上的雨水一般，无关的批评将从我们背上滚落。

我们再回来讨论自己真正的核心以及我们与自己的关系。如果你不爱自己的话，无论他人有多爱你，都是永远不够的，这就像要通过一个筛子，任何爱都会漏掉……有些人甚至抵制他人的爱，或许他们害怕关爱。

请关注当别人称赞你本人或是赞赏你的成就时的情形。你的身体有什么反应吗？你的肩膀是否缩起以保护内心？你是否会盯着地面看？你是否能够望着对方的眼睛，真真切切地感受他人向你表达的欣赏与关爱之情？请进行自我观察。

即使你收到了他人的关爱，你是否能够真正地接受并吸收这份爱？或是心里直打冷战，立刻就否决了对方的爱？"是的，我这件事做得还可以，但是却不是真的很好。昨天那件事我就没能完成。"这就是自我价值的流失！

如果我们对自己充满关爱与欣赏之情，那么他人的美言就会更加温暖我们的心窝。我们不需要他人的恭维去证实自我的价值，而那些赞美之辞只不过是进一步增添我们的信心罢了。当我们的内心强大、坚韧、信心十足的时候，当我们给予自己表达自我的自由，并清楚自己不可能取悦所有人的时候，我们就能够以同样的心境接受他人的称赞与批评。请保持心境的平和。我们不需要他人的赞美来树立自信，也绝不容许他人的批判将我们打败。他人的评价只不过是一种信息而已，而我们所接受的也应该仅仅是一些信息。也许有些评价能够帮助我们改变自身，从而塑造一个更加美好的未来；而对于另外一些评价，我们只需加以接受、分析，然后释放出去即可，因为这些评价与我们毫无关系。

外表的美丽

永远不要让那些最重要的事情
受到最无关紧要的事情的掌控。

——歌德

我认识一名男子，他的太太异常美丽。即使这样，他们之间还会由于其他原因而产生一些矛盾。他对我说，虽然自己的太太表面上看来不仅面容姣好，而且身姿曼妙，但是实际上却丑陋得让他难以接受。他的话让我诧异不已，因为我从来都为自己平凡的外表而略感自卑。哇！他能够把众所皆知的道理说出来，这让我的钦佩之情油然而生。美貌是肤浅的。有些时候，美人的丑陋举止会让她显得恶俗不堪。

有些人，她们异常关注自己的外表，整天为自己最微不足道的瑕疵而烦恼不已。一个人拥有美丽的外貌并不代表她对自己的外表真的感到自信。

在一项社会研究中，一些美丽出众的模特与相貌平庸的妇女被共同安置在一个社会环境中，以观察他们的行为是如何影响周围男士的。研究多次发现，这些女性魅力的大小是由她们的行为，而非她们的外在美来决定的。男子会受到亲切、活泼、有趣的女性的吸引，而那些艳丽多姿、高高在上的女性却无人问津，独自坐在一边。在这种情况下，肢体语言能够传达强大的信息。当那些女性一改其高高在上的姿态的时候，她们的受欢迎程度立即得以提高。女性是否受男性欢迎，其决定因素只有一个，即她们与男性交流的方式，而非她们的外貌。

杰奎琳·萨布瑞杜是一位奇女子。有一次她所乘坐的小车被一名酒后驾驶的司机撞坏之后着火烧了起来，而当时她却被卡在车内，被火严重烧伤。杰奎琳现在正在积极倡导"反对酒后驾驶"的运动。她是一个充满活力与爱心的女人，她从来没有怨恨过那个酒后驾车给她带来巨大伤害的年轻男子。我听了她的故事，为她伟大非凡的爱心与宽容心而深深感动，而她也坦然接受命运的安排。虽然车祸严重地毁坏了她的身体与颜容——但是仍然有许多人惊叹于她的美丽。不可置疑,在她的身上有一种灿烂夺目的光辉,闪耀着非凡之美。

我的核心根基

不可动摇……

而正是那个真实的自我

在不断巩固这一根基。

乌龟的智慧

如果我们能够极尽自己所能,

那么我们所取得的成就连自己都会为之震惊。

——托马斯·爱迪生

我致力于让自己成为一位富有爱心与同情心的人、一个好朋友、一个有趣的人。在事事皆不顺心的日子里,我专注于真正重要的事情,并且积极乐观地将它们一一做好。即便你的下巴长了颗青春痘,你也应该承认自己的独特的美。当你发现甚至没有人会注意到这个瑕疵的时候,请不要感到惊讶!

"一个新时代"意味着你能够真真切切地看到一个完整的自己。这个新时代呼吁你去关注你的所有潜力。你必须认识到自己来到这个世上是为了完成某项使命,或是许多使命。你是独特而宝贵的。

没有任何人能够和你一样。你绝对有权利去享受生活中的一切美好事物，也绝对有能力去成就一番伟业。

请认识到，你并没有一个注定的最完美的命运，而是拥有许多不同的可能。你的命运并不是由你最擅长的事情决定的，也不是由别人来告诉你的。生命中会有一些重要的时刻，这些时刻将塑造你的未来，当这些时刻到来的时候，你应该根据自己最强烈的意愿做出选择。

生活并不是寻找自我。
生活是创造自我。

——无名氏

高高伸出双臂吧，因为命运就藏在你的灵魂之中。
大胆地去梦想吧，因为有了梦想才能确定目标。

——帕梅拉·瓦尔·斯塔尔

当你开始镇定地学会如何用自我力量来影响自己生活的时候，你就会对自己周边的人产生积极的影响。拥有力量的生活方式将使你能够审时度势，选择那些成熟可信的人来交往。你不会因为发生在自己身上的事情责备他人，而是张开双臂，全身心地接受一切可能。你将积极乐观地生活，也为生活带来新鲜创意。你将开始欣赏所有其他人的价值以及他们的一切生活经历。而他人也会因为受到你的激励而开始认识并进一步提升自己的价值。

这种赋予自己生活力量、积极乐观的影响将进一步扩散到更广的圈子里，而你也将给自己周边的人群带来积极的影响。但你年长的时候，你甚至能够促进整个社会精神生活水平的提高。请积极拥抱生活！请发现自己的天赋，并尽你所能创造一个最优秀的你！

让生活充满活力！

　　为了让你更好地发现并欣赏你的美丽之处，请连续 21 天大声重复以下宣言。

我潜力无限之宣言

　　　　我强大而能干，我是位成功人士

　　　　我完整无缺

　　　　宇宙给予我支持

　　　　我的身体充满能量与活力

　　　　我很轻松，我很愉快

我很健康快乐

我拥有自己想要的一切

我力量强大、魅力十足、生活富裕

我生来富足

这是现在我所要宣读的

我原谅过去的我，从今天开始我将获得重生

快乐与爱意犹如喷泉从我的心间涌出

在任何时刻，我都将充满爱心

在对待任何人时，我都将以爱心待之

我将搬到一个充满关爱的世界去居住

而从此刻开始我将展开探寻之旅

我坚持不懈，我坚忍不拔

成功的意志给予我全力支持

困难将成为我的课堂

阻力将化为我的契机

艰难险阻是我成功的必经之路

我自信满满

宇宙的力量，在我身上显现

我坚定地迈出步伐

我充满力量与信心，在人生道路上前行……

——无名氏

拥抱你拥有的一切!

第 6 章
当下的力量

身心健康的秘诀在于
明智且认真地活在当下。

——佛陀

你是否见过某些对自己所做的事情漫不经心的人？"灯亮着，可是家里没人！"我们经常都会犯这样的错误，并为此感到内疚。别人在讲话的时候，我们却身在曹营心在汉。我们在拐弯的时候会撞到墙上，因为我们所关注的仅仅是未来，我们甚至会误将牙膏放到冰箱里，把冰棒放到药箱里！每天要做的事情那么多，我们有时心不在焉也情有可原。

然而，如果能够活在当下，那么我们的生活将变得更加美好。要知道，此刻一去不返，而此刻发生的事情才是重要而富有意义的。当我们全神贯注于此时此刻时，生活将更加丰富多彩。如果你正在展望未来，或是回顾从前，那么你将错过重要的现在。请全身心地体验现在！请充分意识到此刻！请活在当下，体会当下！将自己完全沉浸在此时此刻，并在其间畅游。这并不是一次彩排，这是你的生活。这一刻将一去而永不复返。

你的思想、信仰和行为就像池塘里向外扩散的涟漪，创造你的生活阅历。你有能力创造出属于自己的生活方式。这一时刻将影响到他人。请时刻关注当下，从而创建心目中的理想生活。

昨日成灰烬，明日是木材。
明亮的火焰唯独在今日燃烧。

——外国谚语

早上好，阳光！

每日醒来之时，都应满怀期待，如同今天是你的生日，你将收到许多礼物，甚至包括一些意外的惊喜。如果你以这种方式迎接每一天，那么你将获得美丽生活的真谛。我们的确每天都收到礼物，但是其中许多却被我们忽视了，仅仅因为我们的生活过于繁忙。请打开你的胸襟，听见同事的慷慨美言，看到孩子们充满感染力的笑容，想起你在街角捡到的硬币，还有悄悄躲在云朵后面偷窥的太阳。当你的内心变成湿润的沃土时，你就能够接纳外部的美好事物，并让它们在你的心间茁壮成长，再次生根发芽。每一天都将充满惊喜。请不要再踟蹰不前，相反，应该不断扩大自己的生活圈子。请敞开你的大门，创建一种多姿多彩的生活方式。请期待并接受生活赋予你的所有礼物。去经历风险，去勇敢探索，甚至去相信奇迹。生活将回馈你超乎想象的惊喜与意外！当你不再纠缠于琐事，敞开心怀，大胆拥抱生活的各种可能时，生命将变成一次光荣的冒险之旅。

拉姆达斯讲述了一个众所周知的故事，即如何在印度捕捉猴子。你将少许坚果放入一个罐子里，在罐子上开个小口，放在猴子的活动范围附近。猴子会把前肢伸进罐子里，抓住坚果，然后试图从罐子口里拿出来。它不愿放弃爪子中的坚果，而它的前肢也就卡在罐子里。如果猴子愿意放弃坚果的话，它就可以将前肢从罐子中抽出来，也能够安全脱险。但是，猴子对坚果的恋恋不舍最终导致它被人擒获。

而你在生活中又有多少次和这只猴子一样，无法放弃手里抓的东西而错失了更大的自由呢？

以下技巧有助于提升你关注当下的能力。

请花一些时间思考

 请独自安静一会儿，思考一下到底什么让你感到满足和快乐。这对你的身心健康都至关重要。

请花上 10 分钟时间。请为自己计时,这样你就有足足 10 分钟的时间。

 请列一份清单,记下你想做的各种事情,内容可繁可简。可以是在公园里吃冰激凌甜筒,也可以是到希腊观看古代废墟。

 请写下跃入脑中的所有想法。你可以稍后再加以整理。请不停地写,一直写到时间用完为止。

请重新阅读你的清单,看看是否有什么惊喜。此时也可以添加后来想到的新内容。请将这份清单好好保存,当你有新的灵感的时候,都可以添加进去。

任何时候,你都可以从这份清单中选出一项去努力实现,既可以是简简单单的快乐,也可以是最为疯狂的兴趣爱好。

闲暇之旅

你是否喜欢一个人独处?当然,我指的并不是永远独处,而是在闲暇之余定期抽出时间去独自看场电影,参观博物馆,或是到市集走一趟。让你的意愿与兴致带你去独自冒险。当然你可以浅尝辄止,也可以细细品味,一切遵从你的意愿。你可以去那些你想去的地方,做那些你想做的事情,见那些你想见的人,一切出自你的意愿。如果你将最简单的事情，比如漫步在公园，或是参观一座图书馆，都当作和自己的一次特殊约会，那么这将演变成一次美妙的冒险之旅。请予以足够的重视，就像是你与心上人的甜蜜之约。真是妙不可言！

随性的时间

享受一个阳光明媚的日子！

——我的朋友：肯·古德曼

学会获得个人自由的一种方法就是拿出一天时间（或几个小时）让自己轻松自由地从一件事转移到另一件事上，无须特定的日程安排……就像是暑假里轻松的一天！你可以选择在每个星期、每个月或是每个季度练习一次，从而保证能够不断地为自己的生活充电。

在每一件你必须做的事情中，你将获得智慧，
请全心全意地将之做好，并从中获取快乐。

——中世纪神秘的麦思特·依克哈特

感恩之心

你的生活态度是"一个半满的杯子"还是"一个半空的杯子"？你是否会习惯性地注意到生活的不完美之处，还是对生活充满了感激之情？

快乐的心境代表一颗感恩之心。

——玛雅·安格鲁

要珍惜此刻，而最好的方法之一就是常常去关注自己所感激的事物。请关注自己生活中美好的事物，并为之庆贺。请与他人共享你的快乐，并大胆、诚恳地鼓励和赞扬他人。

每日感恩

我建议在早餐时或是就寝前：

列一份清单、写一篇日记，或是大声地说出你对生活的感激之情。你就能够创造一种感激的气氛，从而使你的生活更加美好，而你的感激之情也将与日俱增。

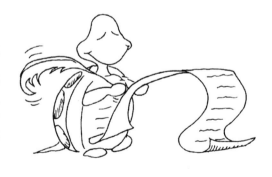

对生活充满感恩之情并不代表对现实的否定。即使是在最艰难

的时刻，我们都能对生活赐予我们的礼物怀着感激之情，这样我们就能够活在当前，并为创建更加美好的未来做好准备。有时，看似不妙的事情实际上却成为我们的一项优势。

有这样一个古老的故事：一位老者的儿子，获得一匹俊美的野马，所有邻居都赞叹老者的儿子是多么幸运。老者从容地回答道："我们看看再说。"有一天，这匹强壮的野马把他的儿子从马背上甩了下来，儿子不幸摔断了一条腿，现在所有的邻居都表示老者的儿子获得这匹马真是个诅咒。老者说道："我们看看再说。"很快，军队来到村子里，将年轻力壮的年轻人都带走了，但是老者的儿子由于脚摔断了，侥幸留了下来。再次，邻居们议论老者的儿子能有这匹马真是太幸运了。而老者还是说道："我们看看再说。"

我们永远都不会知道事态在未来会如何发展。所以，即使是在困难的时刻，如果你仍然能够怀着一颗感恩之心，那么你将大大受益。感恩之心将为生活的挑战带来意义，为痛苦带来慰藉。感恩之心将使生活变得更为轻松惬意，也将让你意识到，即使是艰难险阻也有其意义所在。当你发现困难之美的时候，即使生活无比艰辛，你也能够感到快乐。

生而为人
犹如一家旅店
每个早晨都有新的客人
快乐、忧郁、吝啬

各种刹那间的想法涌上心头犹如不速之客

请欢迎并招待所有来客

即使他们只是一片愁云

粗暴地将房子里的家具一扫而光

你仍然应该诚恳地对待每位来客

因为，也许他清空你的一切

是为了添入更美好的东西

——鲁米

一切皆弥足珍贵

有些人曾经对我说："我踏上精神之旅已经三年了。"不！从你出生的那天起，你就已经踏上这条道路了——这条生理、心理、情感、精神之路。你过去以及现在所做的一切事情都具有重要意义。它们都是完整的你的一个部分，都具有重大的意义。不论你是在接受某个奖项、擦干孩子的眼泪、发现一个新理论、打破一项体育纪录、还是在清洗厕所马桶，你都在自己的人生之路上前行。

我们在自己的一生中都会朝着某个方向行走。在这条人生之路上，我们有许多选择。没有一个特定的方向是正确的，有的却是无穷的选择，而这也为我们的人生阅历与自我表达提供了巨大的潜能。选择如何塑造自己的生活是我们与生俱来的权利。即使是处于最恶劣环境的人也拥有选择的空间。当他开始有意识地选择自己的生活方式的时候，他的生活就会发生质的变化。也许原来他如同遇到海难一般束手无策而只能随波逐流，但是现在他犹如获得了一支桨，能够朝岸边划去，甚至对于某些人而言，就像是获得了一张帆或是一个马达，飞速地朝岸上驶去！

你所做的任何事情都有其价值。正是你对待生活的方式与态度为你的人生带来色彩。成功、休憩、恢复、克服恶习、反对、折磨、痛苦、寻找出路、玩耍、关爱……以上皆有其意义。这就是生活的真谛！

请做你自己。没有任何人能够告诉你错了。

——詹姆斯·李·哈拉

我的美国印第安老师们教导我说，有许多灵魂正在排队等待着化身为世间的人类。我所在的天主教学校的修女也授予我同样的信息。我想，许多文化传统都包含这样的理念。这里传达的信息很明确：不管你的灵魂来自哪里，你都深谙生命的宝贵。请不要浪费时间。请享受生活中的每一刻，因为如果你能够将它们串联起来，它们将塑造一个完整的你。而乌龟的智慧就在提醒你：你拥有你自己！

度过此刻，

在生命的每一步中追寻人生旅途之终点，

尽己所能快乐地度过每一天，这就是智慧。

——拉尔夫·沃尔多·爱默生

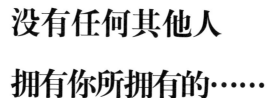

没有任何其他人

拥有你所拥有的……

如果没有你,

这些东西就将失去。

第 **7** 章

我和我在一起

有些时候，如果可以的话，我们想要逃离自己。事实上我们中一些人的确会这样，尝试以各种方式逃离真实的自我。但是你永远无法逃脱！不管怎样，当你停下脚步的时候，你还是没能逃离自己。

首先，你应该面对现实。请创造一个容纳"真实自我"的空间，在那里即使你不够漂亮，也没有人会批判你，这样的话，你就能够真实地面对自我。然后，请真实地体会这种感受。请对自己做出真实的评价，同时保持内心的轻松，努力让自己变得包容且富有耐心。

对于孩子而言，他们最基本的情感需求就是能够感受并表达自己的想法。他们需要知道有人理解他们的感想，而不是想要泯灭或是改变他们的想法。作为成年人，我们也需要学会接受自己。我们需要接受自己的所有部分，不仅包括自己的智慧与力量，也包括自己的瑕疵与弱点。在不完美的我们身上，我们找到完美的自我！你就是你！无论你是谁，你都拥有特别的价值。请以最为客观的方式看待自己，这样你就能够真实、全面地了解自己。

　　当你感到是自己囚禁了自己，将自己沦为生活奴隶的时候，我的建议是：你应该向蛇学习蜕皮，蜕变出一个全新的自我。请重塑自我——改变你的态度、信仰与期望；请改变你的某种习惯、模式或你的表达方式。如果你总是闷闷不乐的话，那么请展开笑颜。如果你总是说个不停的话，那么请安静片刻，倾听别人的心声。请学会低调生活，同时改变你的生活方式。当你改变为人处事方式的时候，你将惊讶地发现这个世界将变得多么不同。请抛弃那个过去的你，蜕变成为一个全新的你，并进入生活的一个全新阶段。如果出于某些原因，你并不喜欢自己现在的发展状况，你总是能够再蜕一层皮，再做一些变化，再进一步提升自己。

成长

辗转反侧

生活就是这样

向前发展，然后安定下来

有时步伐减缓

做出选择，倾听他人的心声

你的选择将是什么

做出决定再加以修改

改变你的看法

你每天都在重塑自我

没有什么是错误的

没有什么可后悔的

只不过是再次选择成为自我

找到自我

——无名氏

独自站立

我想，我们中大多数人，生来就以人为本。当然，在我们的文化里，我们在成长过程中就学会了关注他人的看法。我们重视得到他人的接受和喜爱，而且至少在有些时候，我们会很努力地遵循他人的要求。所以，想要学会独立——学会独处并享受独处，似乎并非易事。"我们出生时是孤独的，离世时也将是孤独的。"然而，当我们存活于世时，总是希望得到他人的相伴，得到外界的肯定与关爱。如果我们能够学会肯定自我、关爱自我，那么我们将变得自信而强大，若同时得到他人的肯定与关爱，就如同锦上添花了。

如果生活中有人可供你依靠——他们的评价你信任，他们的观点你珍视，那么你在生活中永远都不会再焦头烂额不知所措。然而，当你知道你可以依靠自己的时候，那么生活中的变数就不再那么可怕。请自信地将你的乌龟壳扛在背上，开始前行！你身上这座移动的房子里有一切你所需要的东西，它们将永远伴你左右……

信心

当你为自己的内心铸造一个坚韧的核心时，困难在你眼中将变成机遇，障碍将变得富有挑战性，没有任何东西可以阻挡你，因为你就像乌龟一样，总是能够前行。你的信心之杯到底有多满？你相信自己吗？缺乏自信将使人们无力实现生活目标，在人际交往时困难重重，也将使他们倍感忧郁惆怅，甚至迈向自杀的不归路。学会认识并欣赏自己将有助于我们以更加积极乐观的眼光看待生活，并树立起强大的自信心。

需要与渴望

你是否仅仅去满足你的需要，还是能够去积极探索自身的渴望？我们都有基本的需要——食物、住所等等。除此之外，我们所欠缺的就是一种对自己无条件、无限制的支持。我们的思想、行动和反应都是由我们的"需要"塑造的，而我们所选择的道路是由满足这些需求的渴望决定的。当我们基本上对自己的生活感到高兴和满足，对自己感到满意时，我们就能够大胆地去体验生活。我们并不需要依靠别人来获得满足感，也不会因为一些预设的议程而忙得焦头烂额。我们并不企图通过弥补生活中的一些丢失片段来使之重新变得完整，而我们行动的动力也并不在于恐惧与匮乏，而是要寻求

67

一种更宽广的生活方式。

优越与自卑周期

　　你是否曾经为他人的错误或是不足之处而暗自感到欣喜？或是通过将他人的缺点和自己做比较而提升自我优越感和成就感？当我们将自己的价值建立在他人的痛苦之上时，不管我们是否意识到，我们都已经进入了所谓的优越与自卑周期。

　　我们的批判性思维是建立在什么基础之上的？我们最害怕的事情就是他人发现自己的错误和不安，所以当我们批判他人的时候，那是因为我们内心担心他人看穿我们，担心他人看到我们自我想象出来的弱点，也担心他人发现我们不够聪明、能干、漂亮等等。在我们的优越感下隐藏的是我们对自己的怀疑心理。通过将自己与他人的劣势对比，我们能够感到暂时的舒适。然而这种优越感却建立在自卑的基础上。

　　解决这一问题的良方就是去认识到我们都在不断地进步中。我们不需要通过与他人的失误和弱点做对比来获得伪优越感。我们都知道自己的价值，而且我们也知道自己身上还有尚待开发的潜力。当我们拥有如此宽容的心境的时候，我们就能看到他人更加光明的一面。他人原来的缺点现在在我们眼里变成了"有待改善"的地方，因为我们也开始看到他人不断提升自我的过程。他人的缺点与阴影现在被我们的善意与仁慈点亮，而正是通过与他人之间的相互理解、相互支持，我们得以创建一种平衡的生活方式。另外，我们的人际关系也得以加强。这种方法虽然简单，但是非常重要。

完美主义者之完美理想

你对自己以及他人有什么期望吗？你是如何生活的？你是否总是在想象"假如"（假如他能够，假如我能够，假如她是……）。当我们将自己想象中的完美情形作为自己对别人的期望时，我们就无法看到当前生活的多姿多彩。我们就等于是在为失败而做准备。在你眼里，没有任何人或任何事会变得完美。

当你正在毁坏此刻的美好时，请意识到这点。请阻止自己这么做，并学会关注你当前的美好事物。而当你发现生活积极的一面时，你就开始了快乐之旅。有位大师曾经这样评价另一位大师："他甚至用自己的呼吸来滋润植物！"

首先请开始学会欣赏自己当前的状况。过你的生活，而不是去期望生活能够有所不同。要知道任何事物到了最终都将臻至完美，而每个人与每个时刻都弥足珍贵。

人如雪花，独一无二，这就是人之美——
倘若无视这点，那么美将不再。

——罗斯迪·伯克斯

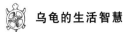

明亮的映像

可以使用镜子来学习如何接纳自我。

看着镜子里的自己，对自己做一个积极的评价。

诚实自信地大声说出来。

请观察自己是否真的能让自己
把这些话说出来。

观察你的反应，并尽力使自己接受
并相信这种积极的想法。学会由衷地接
受他人的赞扬。

请为你所拥有的特质以及你就是你而充满感激之情。

人类学家玛格瑞特·米德都会坚定地大声欢呼：
"感谢上帝，我是玛格瑞特·米德！"

解开混乱的线团

当我们经历人生变化的时候，就好像是在试图揭开一个纠结在
一起的线团。我们中很少有人只有一个简单的问题尚待解决，或者
生活中只有一个微小的变动尚待适应。通常情况下，很多事情都会

同时发生。另外，每个问题里又包含许多小问题，合起来就形成了一个缠绕混乱的线团。

我最有效的方法就是抓住一根线——任何一根都可以，然后拽出来。有些时候，可能这根线并不是核心问题，却是最容易解决的问题。当我们解决了几根线（几个问题），并将它们从混乱纠缠的线团中分开来的时候，线团就不再乱七八糟地纠结在一起。现在这个线团也更容易整理，最后甚至可以完全打开，于是我们就能够将一根根线有序地卷成一个新的线团。我们不但能够分清每一根线，甚至还可以用这些线创造一些新的东西。

拥抱改变

当生活出现即使是最小的变化的时候，我们都可能感觉不舒服甚至感到痛苦。对那些抵制变化的人而言，即使是最为积极和理想的改变都可能是个威胁。我尽量不用"舒适"来形容可能的变化。对于生活中许多珍贵的生活经历，我们可能会觉得非常不舒服，因为我们并未做好前进和成长的准备，这种对变化的抵抗心理将可能成为我们的禁锢。就像乌龟一样，一步一步又一步，我们应该不断前进。

我的牧师，弗莱特沃格特过去常说："嘿，如果你现在正在黑暗的山谷中前行，请不要在这里搭建房子!"请继续前行……去发现你的技能、天赋,以及一切有利于你的事物,并将它们化作你房子的地基。尤其是当你已经打好地基的时候,你就更应该相信自己,并不断取得新的进步。

如出生一样,我们的成长可能是痛苦的,但是要知道你的面前有一种全新的生活正在等着你。所以,不管舒适与否,在你看到下一步的时候,请大胆地迈出脚步。不管自己是否已经做好准备,你都将迈出这步。

"不入虎穴,焉得虎子"

请像这只鸟一样,
飞行途中落在枝头休憩
并为自己有一对翅膀而快乐歌唱。

——维克多·胡戈

很早以前,当我向一位朋友描述了自己当时还很单调的生活方式时,我表示那种生活很安全而且一切尽在预料当中,朋友听后,惊骇地看着我,说道:"这样的生活真是太无聊了……不入虎穴,焉得虎子。"而正是她那番话激励着我在接下来的两年不断地探索生活的真谛，并让我取得超乎想象的成绩。从那以后，我也树立起相同的信念。而这一冒险之旅现在仍然在进行中！我曾带着他人去与海豚一同游泳，并曾在遥远的玛雅废墟上举行神圣的典礼，还曾教导有特殊需要的少女去欣赏"神圣的女性"，我甚至在这种"不入虎穴，焉得虎子"理念的激励下写了这本书。

于是我也开始鼓励许多和我原来一样，待在"安乐窝"不肯出来的人。我的那位挚友鼓励我打开生活的大门，她就好像是在一个沉寂的池塘里投入一块小卵石，激起一波又一波的涟漪，而这些涟漪直至今天仍然在不停地向外扩散。她的话语改变了我的生活，又通过我改变了许多其他人的生活。

所以，如果你抱着这样的生活态度，你又会怎么做呢？你的梦想是什么？你想成为什么样的人？你的恐惧是如何限制你的？请选择你的生活！请活在当前！请拥抱真实的你！要知道即使你有缺点，你仍然是完美的，是一颗日益璀璨的明星。请改进你的表达方式。给自己足够的时间和空间去演变成最好的你。你所迈出的每一步都富有意义，你所经历过的每一个阶段都富有价值。

从过去的你到现在的你，这段旅程就是生命之舞真正上演的地方！

——芭芭拉·迪安吉丽斯《真正的时刻》

转型——一种强大的自我转变

我们都处于人类演变中一个至关重要的阶段。现在正是塑造与重塑自我，有意识地选择未来的最佳时机。我们不再被动地听从命运的安排。我们不能再让自己感到被自我囚禁，成为人类环境的囚徒。反之，我们必须有能力创建一种自己所希望的生活方式，让美梦成真。假如我们能够认识到自己对生活的责任，去改变自己甚至他人的生活方式，我们就能够创造一种活力四射的生活方式……

在你的内心有一种与生俱来的伟大潜力，而这种力量现在正在寻找某种途径表达出来。请大胆探索这种伟大的未知吧，请改变你的生活方式，创建一个我们从来没有见过的新天地、一个我们仅仅匆匆瞥见的现实、一个充满希望的光明未来。如果你只想重复过去的生活，那么你不用做出任何改变；但是如果你已经拥有一个更为伟大的计划，那么请开始你的转型之旅吧！

如果你不喜欢现在的你以及你目前的处境，

那么请别担心，因为你并不会永远都像现在一样，

而你的处境也将发生变化。

你能够成长；你能够改变。

你能够蜕变成为一个更优秀的你。

——吉格·吉格拉

你拥有你自己!

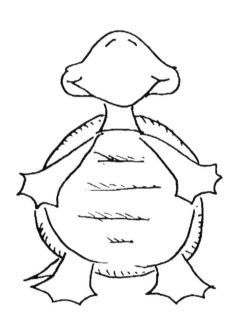

一个永远可以信任的人!

第 8 章

艰难时期

"有时，来自外界的负面影响会铺天盖地将我团团包围，渗入我的皮肤和骨骼，在我的心中投下忧郁的阴影。愤怒、困惑、担忧与嘈杂把我压得喘不过气来，整个人都感到无比悲观与消沉，但是这种心境将是短暂的，因为很快我将再次看见明亮的阳光。"

我是在一次心情低落的时候写下这些话的。然而对我而言，这些忧郁的时刻皆是转瞬即逝的，因为事实上，大多数时间我都在积极乐观地看待生活，快乐地接受生活馈赠给我的各种礼物，也勇敢地迎接生活带给我的种种挑战。然而我们都有快乐的时光和幸运的时刻。

我认识的一些人，他们总是要和困难不断地做斗争，才能获得快乐。他们时常会感到生活负担的沉重，感到垂头丧气，陷入困境而无法自拔。他们每天都必须努力摆脱悲观情绪，以免自己陷入绝望的沟壑。

我知道，无论这种困境有多么复杂、严峻，不管日子有多么艰难，出路总是会有的。而最快捷的方法就是穿越这片黑暗的地带！首先去承认困难的存在，并对困难做出实事求是的评估。观察一下你现在面对困难所产生（或尝试逃避）的感受。请求他人的帮助。请找出其中的意义。是的，这就对了！请改变生活，创建一种全新的生活方式。

生活是一块磨石，是被它磨坏还是磨利，取决于我们自己。

——托马斯·郝德克利夫

我仍然觉得"不够好"

不管我们做了多少事，我们有时还是会感到不安。而对某些人而言，这种不安的情绪只不过是一种盲目地对自我发愁罢了。他们可能会觉得自己不够能干、不够富有、不够漂亮、不够好，或者自己配不上、自己不值得，那么这些对自我感到的忧愁又来自哪里呢？

我的美国印第安老师曾经教导我，人们感到不安是有其原因的。万物皆有其强项及弱点。与其他种类动物相比，在很多方面我们都是懦弱的！我们必须披上衣裳来保暖防寒。我们的眼睛没有老鹰那么敏锐，我们也无法像蝙蝠一样在夜间自由穿行。狮子能够察觉遥远的动静而保护自己的领地。蚂蚁拥有高度的合作精神，能够搬起比自己弱小的身体大得多的物体。即使我们能够通过人类所谓的智慧暂时支配世界，我们仍然面临着诸多不安因素！我们不时也会寻思，应该如何学习其他物种的长处。

问题的关键在于将这些担忧全部忘掉。请不要再为你的不安而担忧，应该学习如何消除自己的不安情绪。你可以将自己的各种负面情绪一一列出来，加以分析、评估，从中学习。然后思考到底哪些是重要的，哪些是无关紧要的。这些不安有必要吗？如果有必要的话，应该如何解决这些问题呢？还是说这些忧虑仅仅是杞人忧天而已呢？

请学会在生活中去伪存真，获取对生活的真实认知。请探寻情绪不安的来源以及其目的所在。请尊重生活的现状，却不要让任何自我否认的情绪掌控你的生活。请将生活中的乱麻一缕缕地理清楚，最后你获得的称赞声将远远超出批评声，而你也将感知你的价值所在。就像是一瓶好酒或是一块常年奶酪，请在为自我调味的过程中，细心而慈爱地改进自我。你已经增强了你的核心部位，即乌龟壳，你知道自己的价值所在。

应对困难的方法有两种。

你可以改变困难，也可以改变你自己去应对困难。

——无名氏

以下是应对困难时期的一些简单方法：

找一个能够倾听你发牢骚的好友

在几年前，我设计了一种解决困难的高效方法。当某个人感到难过、愤怒、沮丧或困惑的时候，如果能够得以发泄，则能够改善状况。我就邀请他人不停地"抱怨"15 分钟，将心中所有的不满一吐为快，并无所顾虑。当他们将怨言一吐为快时，我们就可以开始对问题的严重性展开分析。我的建议是你找一个能够耐心听你发牢骚的好友，一个能够让你畅所欲言、倾吐难处的人，一个了解你当前困境的人。但是我们应该知道，当自己向他人倾诉不快的时候，也许这并非自己真正的心声，而只不过是自我发泄的一种需要罢了。而一个能够耐心听你发牢骚的好友在这里非常重要，因为他是安全的，他只会静静地听你抱怨，而不会对你加以评价或是企图为你解决问题。

还有一个重要的方面就是，抱怨应该适可而止！抱怨的目的是为了发泄心中不快，然后将之抛诸脑后。不要再重复这些怨言，不要沉浸在自己的怨言中而无法自拔。如果你能够正确地使用上述方法的话，你就能够发泄心中的怨言，然后将之忘却，继续前行。

记得蒸汽水壶吧！
一旦热水抵达壶颈，
水壶就会不停地叫。

——无名氏

79

原谅

原谅就是不再期望你能够改变过去。

——无名氏

你是否仍然对过去感到憎恨？你是否对曾经的不公感到痛苦或愤怒？人们都说怀着这样的负面情绪就像是给自己灌毒药，却期待着对方会被毒死。

你需要原谅谁呢？你是否能够也原谅自己？有什么负面情绪是你能够忘怀的？有什么记忆、态度或是情感现在已经不再有用？当我们刚刚开始经历失望或是痛苦的时候，我们的情绪就是一种自然的治疗过程，但是这个过程需要一段时间。我们会逐渐从原来的情感反应过渡到情感宣泄。我们开始将自己的注意力转移到其他事物上去，忘记过去的憎恨、伤害、愤怒和痛苦能够在心中释放出很大的空间。这是一个富有创造力的空间，而你又将如何设计这一空间，从而更好地反映你美好的一面呢？答案是：请让你的真实情感占据你的内心。

让我们培养内心静谧的花园。
请学会知足，
并让之每时每刻都不断成长，
结出慈爱与原谅的果实。

——罗宾·梅纳德

80

删除掉! 删除掉!

每种想法、每个行动都会对我们的生活产生影响。有些时候，你的思想言行并不是你的真实意愿。请小心自己的言辞。当你错误地表达了自己的真正意愿时，你能够弥补这种失误。当你犯错的时候，你会对自己说:"我真蠢!"天哪! 把这些话删除掉! 删除掉! 请用更恰当的方法来表达，你可以对自己说:"天哪，看看我做了什么……我以后一定不会再犯了!"即使是你对自己私下的谴责，都会使自信心受损。

　　找一些方法，将那些负面消极的评价从自己的字典里删掉。

　　请认识到你的话的力量。请注意你所说的话，并关注对方的反应。

　　说真心话! 即使忠言逆耳，还是应该说真话，至少你知道这是自己的选择。

　　一旦发现自己言行有误，请及时发现并加以改正。

这种补救之法并不是为你的错误言行找借口，而你也不应该因此认为:不管怎样，犯了错之后总能补救。你应该对自己与他人的交流方式负责，也应该对自己的所有言行负责，但是你也应该认识到:有些时候无心之过在所难免。上述的补救方法使你能够有意识地保证生活的高品质。生活就是在不断学习的基础上的一个尝试和

81

调整的过程。

这种方法并不是一种文字游戏,而是一种态度的转变。这里传递的信息很清楚:"嘿,等一下,这并不是我的本意。我的本意是……"通过这种方法,你将能够提升自我表达能力。

有些人就发现使用这种无形的橡皮擦将自己刚刚所说的话从空气中擦掉非常有用!"除掉!除掉!"他们能够将这些话从空气中清除。暂不管已经说出来的话是否能够擦除,请切记这种补救和中和的力量。

将你的弱点最小化,
将你的强项最大化。

乌龟的智慧

抛弃陈旧的观念和行为

许多人发现,当他们想要取得新的进步或是更好地表达自我时,积极的言辞大有裨益。当我们在讨论问题、整理思维或是鼓励新行动的时候,我们可以用积极的言语来激励自我。言语能够激励我们不断进步,朝着自己的目标发展。当我们想要改善资金状况的时候,我们就可以使用一些积极的话,比如说"我能够做出正确的理财决定""我能够高效理财""我有大量的财源"等等激励自己。

我多年前学会的一种方法就消除了我对变化尚存的怀疑和反抗。这种方法就是对自己说:"这点在过去没错,但是我知道现在……"

或者"在过去，我的确理财不当，但是我现在能够正确理财。"

当你指引着自己朝理想的方向前行的时候，有时你的思想却仍然停留在过去。通过观察你的想法，以及你用来表达自我的言语，你就能够改进你的言语，以真实表达现在这个不同的你。通过改变你对自己的看法与评价，你就能够进一步巩固现在的你。另外，这些新的看法与评价也能够为你提供新的力量与动力，激励你更上一层楼，积极地朝着目标前进。

找回曾经迷失的自我

你是否曾经丢失过一些东西，然后又将它们找回，而这些东西通常却是在你最意料不到的地方找到的？或者说是在你已经找过几百次的地方找回失物的！你是否记得这种贵重物品失而复得的感觉是怎样的？

有些时候，我们重新找到自己曾经迷失的部分。而这些部分失而复得之后，可能我们的想法就发生了改变。我的一位中年学生最近和我说："我觉得自己又回到了 20 多岁。我对世界更为敏感了。现在我接受并关注身边发生的事情。"我问道："这会有什么不同吗？"她回答道："我开始接受自我了。"

我们的伟大之处并非重塑世界，
而是重塑自我。

——莫罕达斯·卡拉姆昌德·甘地

当你发现自己又回到一个曾经去过的地方，或是看到自己的某些过去的特征或行为又回来的时候，请观察这次有什么不同。你是否能够从变化中找到意义呢？不管你认为这种回归是正面的还是负面的，你可能在意识上有所进步，并对自己失而复得的这个方面有了更加深入的认识。

请保持你的幽默感

每棵橡树最先只不过是几颗坚守阵地的坚果而已。

——无名氏

每当可能的时候，请保持你的幽默感。生活给我们带来美妙的意外、有趣的事件以及不折不扣的宇宙笑话！如果你觉得自己能够与生活共同欢笑，而非沦为生活的笑柄，你的人生将变得更加轻松自由。

**　　假若我们能够自我嘲笑，那么我们是无比幸运的，**

**　　因为生活将永远充满愉快的笑声！**

——古谚语

人类精神永不折腰，永不迷失……

请关注你的内心，触碰你的本质

第 9 章

困难的磨炼

磨炼：任何看似神奇的变化力量或过程。

——美国遗产字典

意义在哪里

我向你保证，这是有意义的。每一种经历、每一个挑战都有其意义所在。我们可能无法总能意识到这些意义，或是从中学习，但是这些经历都有其意义所在。如果我们能够去思索挫折所传递的信息，那么我们的生活将发生巨大的转变。而在这种深刻的认识中，蕴藏着一种更为伟大和珍贵的潜力。

请认识到并接受生活中的挑战。我们中的每个人都有属于自己的挑战。然而这些挑战实际上却是生活的调味品，它们将带来生活中更为浓郁的味道。通常我们都是在那些艰难的时期寻找到新的出路，拉近我们与爱人之间的距离，或是更深入地了解自己的内在性格。如果我们能够勇于迎接挑战,明白这些困难在生命中的重要意义,并坚信自己一定能够战胜这些困难, 那么我们将真的能够无往不胜。过去,或许在某些片刻,我们会认为他人或是生活本身对我们是残酷的, 但是如果现在我们能够意识到当时的想法是多么荒谬的,我们就能够以更加积极的姿态应对困境。当我们意识到这些人生阅历中的价值所在时,我们就不会企图逃离困难或是害怕地蜷缩在角落里。我们能够勇敢地直面困难,迎接各种挑战。当我们知道,无论困难有多大,自己一定能加以克服,我们也能由衷地感到慰藉。

在人类精神中有一种伟大的柔韧性。
认识到这一点, 你将充满力量与勇气。

乌龟的智慧

当万事皆不顺时, 请牢记, 飞机顶风而行, 并非随风而行。

——亨利·福特

如何对待痛苦

有些人会深陷于痛苦与创伤中无法自拔。而当人们在与命运抗争的时候,他们将进入紧张状态,而这也将刺激他们的肾上腺分泌激素,就好像是在疾呼:"我还活着!"这些激素开始进入高戒备状态,为下一场战争而做好准备,所以只要敌人一逼近,它们就能够群起而攻之。

请忘记你的痛苦,因为我们每个人在生活中都会有受伤的经历。不要企图展开报复,因为你没有责任去纠正他人犯下的错误! 即使你曾经受了伤害，但是请记住任何人，包括你自己，都难免会在某些方面犯下错误。

请不要再充当受害者了，而是变成胜利者。让人们为自己的行为承担责任，让生活本身为各种行为的后果承担责任。

请不要再斤斤计较于小事，相反，应该将这些小事从你的背上甩掉，而这也正是为什么你的乌龟壳是弧形的！请学会欣赏生活的丰富多彩。你积极与美好的一面将引领你登上人生的高峰。生活，而非"困难"，将为你"充电"！

真正的痛苦

> 人类的精神永远不会因为被打败而终止……
> 只有因投降而终止。
>
> ——本·斯坦

人生中总是会有痛苦的时期。工作没了，恋人离你而去，你所爱的人与世长辞。我们中有些人正经历着巨大的痛苦——被殴打、被强暴，甚至更糟。我们所有人在一生中都有很多伤痕。我们无法衡量这些痛苦的程度有多大，因为所有的痛苦都是巨大的。而关键就在于如何疗伤。面对困难挫折时，我们应该如何面对呢？

人类的能力是极其伟大的！人类疗伤的本领让人惊叹不已。而往往是在逆境当中，生活中最伟大的礼物会从天而降，并在困境的磨炼中日臻完美。有些时候，你可能觉得自己就像一只四脚朝天的乌龟般无助，那么请牢记乌龟的智慧。如果你身体的任何一个部位仍触碰地面，那么请翻过身来，然后继续前行……

磨炼引领成功

在河流与石块之间的对抗中，河流总是赢家，
获胜的并非是力量，而是坚持不懈的精神。

——无名氏

你是否见过这样的人？他们勇敢地迎接疾风暴雨，直面生活中似乎势不可挡的挑战，或是穿越未知的海域，最终到达彼岸。然而此时，他们的自信心提高了，人生技能长进了，同时也为自己倍感自豪。这样的经历并非简单。事实上，他们很可能在过程中受到巨大的伤害，但是结局却是鼓舞人心的巨大胜利。

通常，生活的创伤将我们提升成一个更伟大的自我。正如趁热打铁，我们得以升华为一个更为完美的"自我"。一次可怕的打击可能会将一个人击倒，或从此改变她的人生方向。在有些情况下，我们自身的痛苦也能够让我们对他人的境遇感到同情与理解。

在人生之旅中，没有人能够永远一帆风顺。从某种角度而言，我们都带着伤痕前行。

 我们如何对待这些伤痕才是最重要的。

 你能够站起来吗？

 最关键的并不是伤痕。伤痕仅仅是你开始的地方。

 你是如何理解、学习，并且接受你的伤痕的？

 在愈合过程中实现新的成长。

关键并不在于是否受伤，关键在于愈合。

乌龟的智慧

温迪·科恩是一个充满爱心的母亲，她的女儿莱西·米勒是个活泼的大学生。有一天，莱西开车途中被一名假装成警察的男子截住，该男子将她绑架并杀害了。虽然温迪为此痛不欲生，但是她仍然公开表示对凶犯家庭的同情。温迪是如此富有爱心，而她的行动也表明了莱西生命的意义并不会被这场可怕的意外终结，相反，她生命的意义将延续下去。温迪化悲痛为力量。通过这个母亲的努力，国家最终通过一套新的法令，对警用红蓝灯的销售加以限制。正是莱西的不幸身亡，促使其母亲采取这样的行动，从而让这样的悲剧不再重演。

你的乌龟壳下有什么样的力量是你尚未发现的？

促进你不断进步、发展的能力是什么？

如果你能够把自己的这些潜能找出来，并通过其他方法促使这些潜能得到开发，那么你就不需要等到困难来袭时才发现自己的这些潜能。

请仔细观察你的龟壳上的每个部位与每条斑纹，并想象你所具有的一切潜力。

在我的身体里有着无尽的力量，在我的面前有着无限的可能，
在我的身边有着无数的机遇……我为何要害怕呢？

——无名氏

绕圈而行

当我们经历挑战的时候，总是会时不时地走弯路。我们在面对
挫折的时候，可能会形成某种看法，然后又形成另外一种看法，然
后再形成别的看法，直到最后我们回到最初的看法。我们首先都是
凭着以往的经验行事，一次又一次地尝试，直到我们最终吸取失败
的教训而开始转变原来的做法。而在我们意识到自己的错误之前，
我们会一直沿用过去的经验。如果我们能够意识到这是一种自然的
成长经历时，我们就不会再认为自己已经深陷陈规而无法自拔，也
不会因此而倍感沮丧。只要我们还活着，我们就总是在不断进步。

如果我从过去的某些经验出发来看待当前的问题，我们就可能
会忽视了其余的观点。然而在我们不断回顾原来观点的时候，我们
就会意识到所有这些观点的价值所在。当我们对事物有一个更为全
面的认识之时，我们就能够看到各种想法的闪光之处。就好比是烘
烤一个蛋糕，单独的配料尝起来可能并不可口，但是当你将所有配
料混合在一起的时候——真是太美味了！

耐心与坚持

想必大家都知道龟兔赛跑的故事。在比赛伊始，兔子遥遥领先，
后来累了就停下来歇息。当兔子呼呼大睡时，行动缓慢但是坚持不

93

懈的乌龟最终超越兔子，首先到达终点线。

从这篇儿童故事中，我们就可以看到乌龟的智慧。不管生活看上去有多么艰难坎坷，请坚持往前迈步。请不要放弃，因为积跬步以至千里，生活最终会改观，而到了那一刻，你若回首过往，也会对自己一路过来所取得的成绩充满感激之情。只要你仍然在前行，仍然在成长，你就和乌龟一样，朝着正确的方向前行。

请牢记你在不断地进步。请解决当前面临的问题！从你现有的角度来尽可能地分析、解决问题，并从中积极地学习经验教训。就像是乌龟一样，请不断前行。请保持勤奋刻苦的精神，永远不要放弃。请保持信心——知道你的所有努力终将取得收获。请认真观察自己原来的处境，以及目前所取得的进步，你甚至还会不时地实现飞跃。

如果我们能够朝着正确的方向发展，

那么我们要做的只不过是前行而已。

——佛教谚语

向前、向上

最终，你将发现自己正在进行螺旋式上升。即使这仅仅是个微小的变化，在你转一圈回来时，你现在所处的地方已经比过去更高了。你已经学会了应对困难的新方法。你在不断向前、向上移动。

请不要以受伤者的眼光看待生活，应该以疗伤者的眼光创建生活。

　　我们通过所需的经历朝着理想中的自己发展。有些时候，这些经历充满挑战性，甚至会给我们带来伤害。有时，"坏"事发生了，如果我们能够学会将自身的情感与反应置于事外；客观地接受身边发生的一切事情，我们就不会对事情本身加以主观的评价，而是看到事件本身的客观价值。我们甚至能够看到漫漫长夜尽头的黎明。我们需要雨水来滋润花草树木，即使是最为艰难的时期也有其价值所在。

　　我并不是建议你去盲目乐观地生活，不管发生什么皆无忧无虑，置现实生活于不顾。请接受困难和挑战，并将它们作为生活整体的一个部分，同时也看到它们的意义。请将生活中的困难和生活其他部分进行比较和对比。请牢记，只有当星星闪耀在夜空之时，我们才能看见它们的光芒。

　　请实事求是，并接受"事实"，同时也应该诚挚地对待生活。无论发生了什么事情，都应该快乐地接受。如果你内心拥有真正的安全感，那么不论发生什么艰难险阻，你都能够快乐地接受。你知道不管怎样，总有一个人是你能够依靠的。需要我再说一遍那个人是谁吗？你拥有你自己！

　　无论是你现在的处境还是此刻的你，都是绝对独特和珍贵的。不管生活中发生了什么事情，你的身上没有任何一个部位会被真正打败。你不需要得到重新修复，因为你身上的每个部分总是完好无损的。而治疗的过程就是展现那个总是完好无损的部分。请认识到你的经历能够更好地促进你的成长，而应对这些艰难岁月，与困难勇敢抗争才是最重要的。你在困难时期表现出的性格特征才是最终塑造你的东西。即使困难早已过去，你的自我核心仍然存在，那是你在生活的记忆沙滩上留下的脚印。

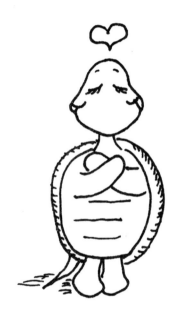

爱同样需要学习

第 10 章

你的身体，你的寺庙

那么你身上会移动的房子有什么用呢？在这里，你已经有意识地与自己的身体建立起某种联系，同时也有意识地接受了你与脚下地面之间的接触。你已经对自己的身体展开了思考，并有望与之建立起一种更为密切的联系。

那么你的"壳"是如何帮助你的呢？在这个"壳"里住着你的个性和你的本质。而这也是你的第一个保护层，保护你免受外界的不良影响，包括身体、精神、情感和精力上的影响。你的身体健康对你能否生存至关重要。你的身体并不代表你的本质，但的确是你的一个部分。一个人对其外表的重视程度体现了他对自己的真实感受。你是否照顾好你的身体了呢？你是否能够保持身体健康，对身体所起到的作用表示感激，并愉悦地装扮自己的身体呢？你是否在身体上享受生活呢？

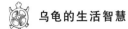

我在一次墨西哥旅行中参观了一个当地的野生动物保护区。在那个特殊的日子，我看到了色彩斑斓的独特奇观。那天，蔚蓝的天空里漂浮着朵朵小小的白云。

我们乘坐的小舟掠过河面，经过红树林，穿过繁茂的绿色丛林。树木上覆盖着一层纤维巨网，在阳光下闪闪发光。穿过丛林时，我们听到了不远处低低的咕噜声。这种声音很独特，如同100名佛教僧侣在低声吟唱"阿弥陀佛"。有一个鲜艳的橙红色的影子，随着我们的接近，这个影子变得更为明亮了。有生以来第一次，我看到一群壮观的火烈鸟。那个景观真是壮丽得令人难以置信啊！

请考虑进行一次感性的约会。

 请选择一个充满活力的地点：拍卖点、手工艺品交易会、马戏团、演唱会或是动物园。

 请调动你的所有感官，来感受颜色、形状、气味和声音等。

 请为你所拥有的身体与你所探索的世界怀有感恩之情。

为什么不尽情享受一下它带来的礼物？

我们如何看待自己的身体是一种很主观的问题。一个体重仅仅 40 千克的厌食者可能会觉得镜子里的自己很肥胖。我们身体有些特征，可能从小就被自认为是一大身体缺陷，因而一直是心里的一道阴影，但是任何其他人都无法察觉这个所谓的缺陷。

凯瑟琳·庞德在其经典励志课程《时间的治疗秘诀》中，讲述了一名患有疑难杂症的女子的故事。她饱受痛苦和疾病的折磨，却仅仅通过每日照着镜子称赞自己外表的美丽，来进行其神奇的疗程。起初要做到这点比较困难，因为她的身体几乎没有任何可圈可点之处，有的只不过是千疮百孔罢了！但是她仍然每日坚持执行这项任务，于是她的优点名单开始加长。当她赞美自己的身体的时候，身体也会做出反应，变得更加强壮、健康、美丽。

当我年少的时候，我做过翻滚、旋转，
跳过舞，用手撑地行走，
做头、手倒立以及侧手翻……
这么多年我都忽视了身体的节奏……
我怎么能够忽略真实的自我长达如此之久呢？
现在没有后悔的时间了，
只有关注自我的时间。
我应该重拾成为豪华之女的快乐。

回到我关爱的双臂，

回到我自己的身体。

——帕玛拉·J. 菲瑞

我们生存在自己的身体里是有原因的。就像是乌龟一样，除非你与世长辞，否则你无法逃脱自己背上的壳。所以，不妨坚守立场，看着自己的眼睛，赞扬你的身体，因为它是如此毫无保留地支撑着你，这样你将更能感觉身体的存在，也将更能积极地行动和生活。你能够通过某些方式来改善自己的身体，但是首先要从接受你的身体，接受你现在的样子开始，然后，即使你逐渐老去，也依旧优雅端庄。

 请完全放松你的身体。

 同意今后要好好照顾自己的身体。

 考虑一下什么食物最有利于你的身体健康，同时适当地调整你的饮食。

 考虑一下多做运动，并从事对你身体有益的事情。

 做出明智的选择，以获得健康的体魄。

你将如何宠爱自己的身体呢？我发现做一些简单的面膜或足浴能够让自己感觉像个女王。

 请安排自我享受的时间。按摩、游泳、散步、坐在树下休息皆可。

 请和你的身体建立和谐。请关爱你的身体，因为它很重要。

最重要的是，请像对待寺庙一样敬畏你的身体。你外在的壳是你内在精神的承载物，从这个方面而言，它是神圣的。请尊重关爱你的身体。

第 11 章

暴露你柔软的腹部

我希望，虽然眼里和心底所见不同，

你仍然能够建立起一种联系，

一种将保护我们所有人的联系。

我们本应在一起。

——威廉·琼斯

在那些重要时刻，我们都要与他人通过真诚而坦率的方式共同承担某些责任。为了应对这个不断变化而又难以预测的世界，我们必须珍惜所有重要的人际关系。这样做能够改善我们的人缘，也能够使我们更好地表达自己的真正意愿。无论我们是谁，无论我们需要做出哪些贡献，只要我们以诚待人，总是能够为他人带来裨益。

在历史悲剧"9·11"事件发生之后，许多人用各种各样的方式对受害者表现出真诚的关怀，这就是一种积极的处世方式。不论是提供直接的援助，还是点着蜡烛，为死难者守夜，以获得康复并重拾力量，美国人之间的关系从来没有如此密切过。乌龟的智慧鼓励我们要倾听自己的内心，因为只有内心才是真实的自我。当我们能够利用自己的大脑和心灵之间的天然联系，并用诚实的行动表达真实的自我时，我们的力量才是最伟大的。有时，我们可能想要回归内心，用内心的直觉和核心来指引自我。换句话说，这就是你在回归自我……

　　请将你的外在表达和你内心最真实的自我联系起来，这样你就能够发现应该如何在外部世界找到一个"家园"。真正的联系有时需要极大的信任，因为建立起这样的联系，你就冒着将你最柔弱的部位——你柔软的腹部暴露在别人面前的危险。乌龟总是能够选择要把自己的脖子伸多远，但是如果它一直躲在壳里，就哪儿都到不了。

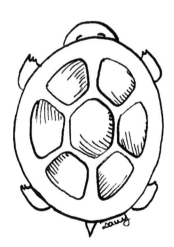

拥有的唯一方法就是给予，
保存的唯一方法就是共享。

——*乔治·布什*

真实的你，请勇敢前行……

假如当你赤裸裸地呈现在众人面前，仍不在意他人对你的评价的时候，那么你就真的到达最高境界了。你知道什么是应该和他人共享的，什么又是私人的。你可以选择暴露自己身体的某些部位，包括柔软的小腹部位。别人可以对你做出评价或是做出反应，但是却打不倒你。他们的反应无法玷污神圣的你——你内心深处牢固的安全感是不会动摇的。不可触碰！可以依赖！你对自我核心的信心将贯穿于你的所有经历中。你可以倾听他人的反应，衡量其信心，并根据其价值加以利用。事实上，他人的评价可能有助于你的成长，但是却无法塑造你，因为你的创造力来自你的内心，你内心的真正意愿引领着你朝着理想的方向不断前行。

一旦你用这种方式与自我核心建立起密切关系时，你就为内心提供了无比宝贵的安全感。即使在人际关系中可能存在风险，你也不用担心。不论你所遇见的环境或人怎样，你总是能够依靠自我核心获得力量和指引。即使这个核心就在你的内心中，它也能够将其扩展到身体的各个部分。你也能想象这种核心也包括"乌龟壳"的一些部分，因为这张坚硬的壳能够保护你免受外界的伤害。你能够从自我核心中找到安全感。

以下的小贴士能够有助于你改进与他人之间的真诚关系。

心灵之窗——眼睛

首先可以开始观察你是如何与他人互动的。你是否看着对方的眼睛呢？你是否在与他人对视的时候建立起真正的联系？我并不是说你要盯着别人看，但是应该让你的内心之美通过你的眼睛自由地表现出来。不然，为什么人们称眼睛为"心灵之窗"呢？

身体接触是很重要的。轻柔的身体接触将拉近双方之间的距离，并建立起一种亲密感。

我想声明，这里需要达到一种合理的平衡。有些时候，人们可能会因为过多地用身体接触你，或是过于热切地注视你而使你感到不适，更不用提获得安全感了。你觉得那些喜欢与你靠得很近，甚至已经进入你的私人空间，说话时呼吸都喷到你脸上的人怎么样？与他人之间的互动关系应该要达到某种平衡，但是并不是去侵犯他人的私人空间。

自由

另外我们也会因为根据自己的想象或喜好为他人下定义，而侵犯了他人的私人空间。如果先入为主地对他人妄下定论或是进行界定，那么就不可能与他人真正地建立互动的人际关系。对他人的偏见会限制我们与他人的互动空间，从而妨碍人际关系的建立。对他人的误解就像是绳线一样牵制我们，成为人际关系中的一大羁绊。

请小心在人际关系中常常出现的微妙的控制欲。

 请放弃这样的欲望，而首先应该认识到这些欲望的真正性质。

 对他人潜在的控制欲表达了我们的期盼与渴望，我们希望他人能够遵从我们的意愿。

 我们通过自己的身体语言、言语，甚至是自己所散发出来的精神和情感能量来表现我们的控制欲。

 我们企图控制他人的欲望将限制甚至扼杀真挚交流的可能。

想要操控他人，这种欲望是我们的一个沉重包袱，让我们感到筋疲力尽！请放弃这种无谓的尝试吧，你将惊喜地发现自己重获大量的能量。与其孜孜于操控、改进他人，不如关注、改进自我。

请踏上欢快的交流之旅吧！带着对他人诚挚的好奇心与之交往，这样对方就能够向你呈现出真实的一面。只有当对方望着你的眼睛，你才能够真正地看见他们。

108

只有用心才能看得真实，
最关键的东西是用眼睛无法看到的。

——安托万·德·圣－埃克苏佩里

当你放弃那种典型的控制欲，不再企图用自己的欲望来改变他人，将他人塑造成你理想中的模样时，你将获得真挚、良好的人际关系。当人们处在一种更为宽容与自由的环境中时，他们的言行就会更加诚挚，也会更为愉悦。你也能获得同样的个人自由。当你在他人真挚言行的基础上做出反应时，也会倍感自由，也拥有较广的交流空间。那些表面看来微小的变化都会给你的人际关系带来重大的影响。不要再先入为主地对他人妄下定论了，相反，应该学会真诚地对待人际交往。

当你发现自己所遇到的所有人或事
都能够给你带来宝贵的经验教训时，
你就会为所有的这些人和事心存感激。

——盖瑞·祖卡夫《心灵故事集》

银盘

当你面对你和他人之间在性格方面的差异时，我推荐一种技巧，这种技巧是我自己发明的，主要是为了帮助他人恢复内心的平静。当一个人改变其看法的时候，他与他人之间的关系就会产生巨大的变化。一种创造这种积极变化的方法就是接受现实，接受你与对方之间的性格差异。

 请将他人身上那些你所不赞同或无法接受的人格品质或是生活抉择拿出来，放在一个精致的银盘上。

 请在你的心中完成这道程序，你似乎可以看见自己将他人的这些行为特征拿出来，然后放在那个闪闪发光的精美银盘上。

 现在将这个银盘拿走。如果愿意的话，你也可以想象自己如何将银盘搁在书架上。或者你也可以想象自己如何将该银盘转变成为你的精神之源。

这两种方法都能够让你不再为他人的行为负责。你放置在这个银盘上的东西可能是他人的选择、进步或是发展。通常当我们在精神上不再企图控制他人时，我们在身体上也会发生变化。

 你也能将一些有关你的东西放在银盘上，可能是一些你现在无法实现，暂时必须搁置的一些行动或想法，比如说一些你目前还无法完全参透的愤怒情绪。

 你可以选择暂时忘记这些事物,将它们"搁置"在书架上，等到你做好准备的时候，你就能够开始探寻这些事物的真正意义了。

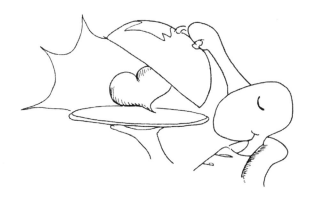

当然，这种方法并非适用于任何情况，也不是解决人际交往难题的长久之道。直接对话当然更为适宜。但是这种银盘搁置的方法能够有助于我们接受自己与他人之间的分歧，并接受自己身上并不被自己喜欢的地方，这样我们和他人甚至和自己相处的时候，就不会总感到恼怒。对于那些我们不应该试图改变的东西，这种技巧尤其适用。

　　例如，如果你一直希望你的兄弟能够用某种方式和你交流，但是多年来他从未做到这点，那么原因很可能是他交流的方式与你所期待的不同。如果你能够认识到这点，并让他继续以自己的方式同你交流，那么这对他、对你皆是有益的。请接受他真实的一面，并诚恳地同他展开交流——而不管这种交流方式是怎样的。请不要再企图迫使对方遵从你所想要的交流模式，而是学会看到双方诚挚交流的重要意义。如果这样的关系无法让你感到满足，那么你可以让自己寻求别的方式来满足你的需求。这样的话，你就不会再期待一些不可能的事情发生了。

　　我多次发现，当人们不再为他人限定"应该"怎么样的时候，他人却以自己心目中的理想状态出现。

当我们不再怀有改造他人的期待时，
我们的人际交往的模式将发生改变。
当我们不再限制自己的潜力的时候，
我们就扩大了可能的范围，
我们让各种可能自然出现。

　　　　乌龟的智慧

　　我的母亲是一个充满爱心的人，她把大量时间花在烘烤食物、制作手工艺品上，而早在我上学之前，她就开始教我识字。但是她

112

却不知道我童年时期的悲惨经历，没有安慰我，也没有解救我。有很长一段时间，我都在潜意识里憎恨她，后来我开始有意识地憎恨她！因为当我将自己的痛苦经历告诉她的时候，我觉得她并没有按照我想要的方式来安慰我。

后来，我思索了一段时间，认识到我只是用自己理想中的母爱来要求她。母亲也是一个独立的人，有着自己的生活、需要和想法。想让母亲遵从我为她设计的模型，这种做法是不对的。应该让她做她自己，应该改变的是我自己。我不再对她表示生气或憎恨。虽然我并未明确表示自己的不满，但是我相信我对母亲的态度多年来都对我俩的关系产生消极的影响。我也认识到自己还有一些渴求尚未得到满足。我发现，一旦打开心扉，承认需要从他人身上获得某些东西，那个人就会神奇地来到我身边。我的伤口逐渐痊愈了，我也变得更加坚强和开心。

就在圣诞节前不久，我最具有"慈母"关系的友谊出现了裂缝，令我非常悲伤。有一次，突如其来的孤独将我团团包围，我悲伤不已，于是拨通了家里的电话。是母亲接的电话。我说道："喂。""请问是谁？""我是多娜。"我回答道，声音低沉、悲伤，连自己都听不出来了。"噢，多娜，可能我不该说这些，但是你听起好像很糟糕。你怎么了？""我只想要个妈妈。"我说道，声音依旧低沉悲伤……一阵寂静……我听见母亲在哭泣……"其他的孩子都需要妈妈，可是你一生中从来都不需要我。自从你能够走路起，你就再也不需要我了。我真希望你现在能在我身边，让我来拥抱你。我真希望你能回家过圣诞。"

我从 9 个月起就会走路了。母亲告诉我自打我 9 个月起，她就从来没有再能够像妈妈一样照顾我了。她没有像我所渴望的那样照顾我——因为我从来没让她那么做过！现在我当然希望能够重拾母爱。

我开始反思自己的行为，我发现通常当我需要他人的慈爱与关注的时候，不知为什么，自己却又将他人推开。现在回顾一下这是为什么呢？这是竭力的故意破坏！然而，现在我很肯定，原来那个自我挫败的我现在已经不复存在了，取而代之的是一个满足的自我，这得益于自己与母亲的这番温暖心扉的交流，然而倘若我不让母亲流露其真实的一面，而是为其定义设限的话，那么我们就不可能有这样真挚的交流。

请让人们自由选择他们的生活方式吧。这就好像是你不会走入一个花园，向太阳花抱怨，问它为什么不是一朵水仙花。我们应该认识到每个人身上的美丽之处，并为此怀着感恩之心。然而，你无法"挑选"哪一朵花或是哪一个人。你的优点永远都不会受到你的人际关系的限制，相反，这些人际交往将让你的优点更加发扬光大。

欣赏他人

在我们这个世界里，有时人们似乎仅仅关注负面的东西。如果有个店员态度恶劣，服务低下，那么人们就会找其经理投诉，但是如果有个店员给你提供了无微不至的服务，你是否会填写一张致谢卡片，或是到经理那里表扬这个店员呢？你又是如何对待那些与你同住，或是每天与你相处的人？你是否常常会发现他们的长处？如果你告诉一个孩子，他所做的一些事情让你大受启发，那么他一定会信心倍增。如果你告诉你的姐姐（或妹妹），她装修的房子的色调非常漂亮，她听了一定会倍感振奋。

请抓住每个机遇，

向他人表达

你对他们的欣赏之情。

乌龟的智慧

一次圣诞节，因为没有足够的钱买礼物，我就在贴着小星星的纸中间粘一张小贴纸，作为送给家人的圣诞礼物。我还在贴纸上写一两个词来表达我对他们的赞美之情。比如说，写上"成长"来形容弟弟的快速成长，写上"幽默"来形容妹妹的机智敏捷。而家人看到这些礼物都很开心，也对我特地花时间做这些贴心礼物而表示由衷的感谢。

你越是学会如何对待自己，

就越懂得如何对待他人。

你也将越能享受丰富多彩的生活。

——威廉·J.H. 博特齐

你对他人的信任将对他人产生重大的影响。你可能永远都不会知道自己在他人失意或是自我怀疑的时候对他们说的话正是他们所期待听见的。请大胆地表达你真挚的欣赏之情。你对他人的鼓励是极其宝贵的，而你的赞扬也从来不会是一种浪费。你对他人的信任能够化做强大的创造力。请为身边的人带来一缕灿烂的阳光——他们的生活将因此而改变。

菩萨带来的觉悟

在佛教里，有一些关于菩萨的故事。这些故事描写菩萨已经到了开悟门，却拒绝跨过门槛。他认为还有许多前往开悟门的人，在路途中需要帮助，而他的道路却是充满仁慈与怜悯心的。于是，他就留守在开悟门的这一侧，帮助他人抵达这个神圣之地。我相信这些故事都能够让我们得到一个深刻的领悟：我们处于同一个环境里。

看看这个世界上的违法犯罪、恐怖主义或是战乱纷争，我们将很容易发现：他人的行为会对我们产生影响。但是，从一个更小的范围而言，我们在一个个微小的时刻，通过一次次的接触，也对彼此产生影响。我们与他人相处的方式也会对我们所在的环境产生影响。你是如何对待杂货店的收银员的呢？你是用什么样的眼神看着（或是避免直视）街头的乞讨者？当你打电话时，你的孩子拽着你的衣角，你会作何反应呢？当你的同事在你面前贬斥他人时，你又作何反应呢？请仔细观察自己的行为，从而真实地反映你是如何对待他人的，并加以改进。

我并不是要提醒你提前思量你所说的每个字眼，或是行事要异常小心，唯恐不够妥当。

然而，通过自我审查并改善自身行为，我们就能够实现自我的统一。我们可以选择做出一些变化，从而更好地表达真实的自我。

我们中很多人都记得圣诞节的一个故事：《生活真美好》。主人公乔治希望自己从来就没有出生过。但是一个天使让他知道，如果他离开家乡的话，他的生活将发生翻天覆地的变化。我们都是综合整体的一个重要组成部分，我们通过自己所做以及没做的事情来实现生活的平衡。通过有意识的思考与行动，我们就能够根据自己的意愿影响他人。

请切记你所做的事情的确会对他人产生影响。当你在对待他人的时候，如果你愿意展示出你真实的一面，露出你柔软的小腹，那么你就能够和他人建立起真正的关系，也能因此让我们的世界变得更加丰富多彩。

第 12 章

乌龟的出生，自然的智慧

　　许多迁徙的乌龟会在短期内大量筑巢。最为壮观的就是印度奥里萨邦的一种红润的海龟所筑的巢。短短 2 天内，多达 20 万只的海龟会在长达 3 千米的海滩上筑巢。它们的数量之多大大超出捕食者的捕食能力，所以许多龟巢都能幸免于难。从自然的角度而言，刚刚孵化出壳的海龟能够轻易地回到安全的大海中去。它们的天性告诉自己大海在哪里。

　　自然的智慧令人惊叹。而你的呼吸、你的血液以及你身体的各个部位都拥有同样伟大的智慧。生

命力在你的身上流淌，当你意识到自己与生俱来的能力时，你自然而然就知道应该往哪里走。

人们问我为什么要选择"乌龟的智慧"作为本书的题目。事实上用乌龟的智慧做比喻是我突然获得的灵感。这种来自内心的信息响亮而又清晰，而这也是我已经学会的信任的心声。

在仔细思考之后，我的确找到"你拥有你自己"中所蕴含的乌龟的智慧。乌龟能够将它所需要的东西扛在肩上。有些种类的雌乌龟甚至能够在身体中储藏精子，这样它们就不需要每年都进行交配。

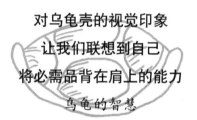

对乌龟壳的视觉印象
让我们联想到自己
将必需品背在肩上的能力
乌龟的智慧

乌龟壳也是自我保护意识的一种强大信号，提高我们在各个层面上自我保护的意识。

这层保护之盔甲意义如此重大，

如同乌龟建筑之奠基石了。

——提姆·哈勒帝博士

人们通常一想到乌龟壳就会联想到圆拱形的外壳，坚实而值得信赖。还有什么比龟壳更好的地方可供我们孕育思想意识，梦想我们的未来，并创造我们的现实呢？

不同的生活方式和生态发展造成了乌龟壳结构的变化。
陆龟龟壳拱形较高，以免被捕食者尖锐的下巴咬碎。
水龟龟壳较低，更呈流线型，以减小游泳时水的阻力。
最为扁平的龟壳皆为软壳，有助于水龟躲在水中栖息地的泥沙下。

——提姆·哈勒帝博士

我最喜欢的是软壳龟，这种龟在岩石间爬行，遇到捕食者时，它就会在肺里充满气，使自己的龟壳膨胀起来，牢牢地卡在石头缝里，这样捕食者就无法移动它。在全世界 245 种的陆龟与水龟中，这种聪明的应对方式只不过是众多方法中的一个罢了。

适应性与多样性是乌龟的普遍特性。作为变温动物，乌龟会在天热的时候躲在木头下乘凉，在天冷的时候待在太阳下晒太阳。乌龟能够在肛囊储水或躺下休眠，直到下雨为止。

恐龙时代就已经有乌龟了！有些龟种寿命较短，而其他一些甚至能够活到 150 岁。现在濒临灭绝的牟氏水龟仅仅 8～10 厘米长，而棱皮龟能够长到 2.5 米长，重达 681 千克。有些龟会散发出奇怪的味道，例如南部巨头麝香龟。还有素食龟等其他多种乌龟，包括异常精美的辐射龟。

**许多种类的乌龟，其龟壳会随着年龄的增大而留下印记……
就像是树木的年轮一样。**

——提姆·哈勒帝博士

我们也一样在身上背负着自己的历史！

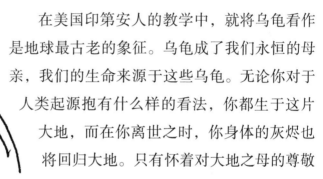

在美国印第安人的教学中，就将乌龟看作是地球最古老的象征。乌龟成了我们永恒的母亲，我们的生命来源于这些乌龟。无论你对于人类起源抱有什么样的看法，你都生于这片大地，而在你离世之时，你身体的灰烬也将回归大地。只有怀着对大地之母的尊敬和联系，我们才能开始通过此书进行自我反思。

乌龟能够教导我们的知识不多。而乌龟的智慧却博大精深，值得我们深入学习。

 你对乌龟有什么认识？

 你是怎么接触乌龟的？

 通过观察乌龟，你能学到什么呢？它们的行为教会了你什么？

请对乌龟展开冥思，看看乌龟对你而言到底意味着什么。

所有的生物皆与生命有着独特而宝贵的联系。我们能够通过学习他人而丰富自己的人生阅历——就像是通过了解其他民族而获得更多的机遇一样！这个世界丰富多彩，在我们有限的视野之外，充满着各式各样的文化习俗。

用"乌龟的智慧"作为本书探讨的主题，是我生活中最伟大的事情之一。这个灵感引领我进入一个全新的出乎意料的方向，让我已经领悟了自己所需要知道的一切东西。我发现了生命中的一种同步性，同时也在积极探寻这种灵感的意义所在。我现在已经学会信任并听从这些内心的呼唤，也为这些灵感给我带来的一切领悟而满怀感激，因为它们显然比我独自一人要强大得多。

你的适应能力到底有多强？

快乐就像是一只蝴蝶。你越是追赶它，它就越是躲避你。

但是如果你将注意力投向其他事情，

蝴蝶就会飞来，并轻轻地落在你的肩上。

——亨利·大卫·梭罗

你是否会孜孜于设计你将如何度过每天呢？你是否能够接受那些突如其来的变化呢？建立起一个生活构架能够提高你的效率，但是在完成你清单上的各个项目时，你的灵活程度又有多大呢？你是否也会精心设计你的休闲娱乐时间呢？你是否竭尽全力实现工作、家庭以及自身的完美呢？你是否在没人的时候也会整理你的沙发垫呢？

　　你是否正在享受现在，还是在设计将来呢？你是不是一个生活的积极策划者，为自己的未来设定各种规划，然后严格加以执行，以达到既定的目标呢？当我们太过于关注事物的发展过程，企图要将他人或一些事物塑造成我们理想中的模型，我们就为生活的无限潜力设定了限制。当我们认清生活中最重要的事情，并不再孜孜于具体的微小细节，我们就能够享受更为宽广而丰富的生活体验。通常在这种情况下，事情的进展甚至要比我们想象的更美好和顺利。与其将我们的生活硬塞进一个个小盒子里，然后用带子系起来，不如将这个世界看作自己的游乐场，而在这个游乐场上，我们甚至可以望见远方的地平线。这样，我们既不会被眼前的东西遮住视线，也不会仅仅关注自己视线以内的东西。

　　我们可以为自己的生活设定目标，但是不应该孜孜于微小的细节。我们可以去种植玫瑰，但是如果种下玫瑰之后，我们就站在一旁，并设定好特定时间将花瓣一片片摘下的话，我们就毁坏了玫瑰之美。如果我们在种下玫瑰之后，能够悠闲地坐下，观赏玫瑰花在最佳季节最美丽的怒放，我们将能够观赏这些玫瑰花浑然天成的美艳。

　　当我们不再企图用自己的理想来塑造事物时，我们就能够让时间和空间自然发展。机遇一旦来临，我们就能够将其牢牢抓住，而不至于被自己的狭隘视野所限制。

乌龟之出生

在一个月圆的温暖夏日夜晚，我为一只乌龟接生。这只巨龟是墨西哥伊斯拉·穆赫雷斯地区的保护项目的保护对象之一。我在该岛屿上推广静修项目长达 6 年，而最让我难以忘怀的却是此刻的接生过程。

当我们穿过大门步行在沙滩上的时候，已经接近午夜了。乌龟已经从海里爬出来，并在沙里扒了一个坑。她的动作很有条理，沙子不断地扒出，直到挖出一个深深的坑。它将自己置于一个舒适的入口，就开始生蛋了。它发出的呻吟声就如同人类分娩一般！我们观望着、等待着。而我已经在它的尾巴处摆好接生的姿势，很快，"扑通"一声，一个带着体温的、裹着浓液的龟蛋蹦出来了，不偏不倚落在我手上。

我为自己手中这个温暖的充满活力的新生命而不由惊叹。突然间，一股很大的力量将沙子往我身上扒。我们的墨西哥朋友对我说："你还是离开那里吧，不然就要被埋起来了。"乌龟母亲正在埋它的蛋（也包括我！）以保证小生命的安全。这些乌龟都濒临灭绝，所以人们将"宝贝蛋"放在桶里运到保育室里精心照顾，这些保育室里装有栅栏，以免捕食者的攻击。在那里，龟蛋将孵化、成长，直到它们能够独自生存为止，然后人们再将它们放回大海。

有些时候，我们也像是这些濒临灭绝的小生命，需要一双温柔的手，一个安全的地方得以成长。任何时候你都能够去寻求支持与鼓励，来帮助自己成长为理想的自我，而永远都不嫌晚。谁能够帮助我们完成自己某个部分的生育呢？请向那些能够帮助你成长的人寻求援助。请相信你的自我完善之旅。

为了获得信仰，我们必须坚信一切都是美好的。
为了保持信仰，我们必须阻止任何动摇的想法进入我们的头脑。

——欧内斯特·福尔摩斯

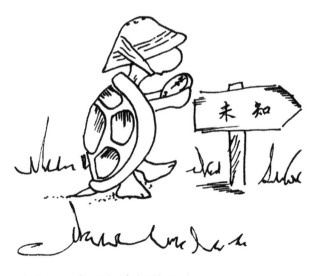

伟大是一条引领未知的道路。

——查尔斯·戴高乐

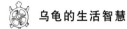 乌龟的生活智慧

我相信在自己的生活中，有一种美好的东西在不断膨胀和演变。今天就是今天，明天将是明天。今天，我的生活充满激情。每天我都坚信并期待将要发生的事情。我就是我的上帝。

有一种智慧是你与生俱来的！

126

第 13 章

接受所有可能

选择是你在生活中所做的最伟大的事情。

有的选择能够让你得到解放，有的选择却将你囚禁。

有的选择带来疾病，有的选择创造健康。

这些选择塑造了你的生活……每一种选择都将创造一种未来。

选择将你带入未来许许多多可能中的一个。那就是你的未来。

——盖瑞·祖卡夫《心灵故事集》

最完美的你现在正在召唤你。你正在召唤你去努力成为最理想的你。你没有任何特定的角色要在生活中扮演，也没有任何注定的命运在等待着你。相反，你所拥有的是各种供你去探索、去表达真实自我的可能。虽然你的内心深处有个声音敦促着你发挥自己独特的潜能，为世界造福，但你是唯一的那个能够决定你人生方向的人，因为你有完全的自由去选择如何在生活中表达真实的自我。我们都需要你，因为你所能够做的事情是他人所无法企及的。正如拼图的各个部分拼凑起来就能变成美丽的画面，许多心灵联结起来就能促成宇宙的演变与进步。

　　如果你能够将这种内心之联系作为生命源源不断的动力，时时刻刻发挥出你最大的潜力，那么你的生活将变得怎样？如果你能够有意识地去思考、说话、行动，接受上天赐予你的生活，并让你的生活变得充实起来，那又会怎样？生活就是这样一个伟大的契机，让你实现你最伟大的创造。请快乐地和世界分享你吧。请关注你是如何生活的，必要时做出调整，从而保持和内心真我的一致。每时每刻皆是重要的。每个贡献都能影响到整体。

　　有时我们害怕失败，但是有时我们却害怕成功。你可能无法想象到，人们经常就在即将成功的那一刻故意加以破坏，从而与成功失之交臂。你是否见过这样的人？他们为了某个目标奋斗了多年，但是就是在成功在望的时候，却突然掉转方向，而最终导致失败。例如在身心的康复疗程中，当患者还没有做好痊愈的准备的时候，就会出现这种类似情况。或许他们还有一些经历尚未体验，或是一些教训尚未学到。

成功也会让我们变得出众，这正是我们所恐惧的一件事情。我们暴露在众人的眼光之下，不敢与他人分享自己内心真正的想法。

　　　　我们最大的恐惧并不在于自己不够能干。
　　　　我们最大的恐惧在于自己过于强大。
　　　　是我们的光芒，而非我们的黑暗，让我们最为畏惧……
　　　　当你蜷缩在角落的时候，你无法照亮他人，
　　　　所以他人也不会因待在你的身边而忐忑不安……
　　　　当我们让自己的光芒闪耀，我们就在无意中
　　　　允许他人放射他们的光芒将我们照亮……
　　　　当我们从自己的恐惧中解放出来，我们的存在就自动
　　地解放了他人。

——玛丽安·威廉姆森

我们为什么要出生呢？

我们来到这个世界，

是为了体验生活的完整和甜美。

请想象可能性！

现在，

不管你的生活中有什么，或是没有什么，

你的下一步将往哪里走呢？

请树立对你自己的信心，听从你内心的真实呼唤，行动起来。请勇敢地体验生活！碰碰运气！毕竟，你又会失去什么东西呢？请积极探索新的想法，并追求你的梦想。你愿意在自己离开这个世界之时，仍然对自己尚未尝试的事情表示遗憾吗？对自己没有尝试的生活体验表示遗憾吗？你愿意活出激情与活力，积极尝试各种事物，有意识地做出生活的选择，并知道无论自己的选择是什么，你的生活都是属于你的吗？

你按自己的方式行事！

我轻松地徒步出行，来到公路上。

我健康而自由，世界在我眼前展开，

漫长的棕色道路将把我带到任何自己想去的地方。

——沃尔特·惠特曼

将目标设得远大而不易实现，
你将轻易超出自己的想象。

——无名氏

请唤醒每日的希望

因为你已经认识到生活赠予的真正礼物，

也能够拆开一层一层真实的自我，

以及未来的新体验。

请真诚待人，

以改善你的人际关系，

与他人共享你内心的美丽。

让生活变得充实！

请享受人类的生存体验，

而在你的享受过程中，

你的生活将变得更加美好。

附言　最后的章节由你来写

　　最后的章节由你来写！由你开头，由你结尾，因为生活的确以你为始，并以你为终。

　　我们共同展开的旅行到现在告一段落了，我希望你对独特的"你"怀有一种更为深刻、美好，甚至更为广博的欣赏之情。没有任何人是和你完全一样的，有一种对世界的贡献是只有你才能够实现的。无论你认为自己的行为有多么渺小——请牢记它们都是重要的。你的行动将对他人产生影响。

　　你是不可能逃离自己的。你也不可能逃离你和所有事物之间的联系。即使你一直是那个独立而特别的你，你仍然和广义上的"我们"相互联系着。即使你从未遇见某个特定的人，你的言语、行动、态度或信仰都可能会影响到这个世界的平衡，也由此影响到某个人。

　　所以请注意！请有意识地做出生活的选择，做出最佳的选择，成为那个理想中的"你"。

　　事实就是——你就是作者，最后的章节由你来写。我很期待看到你的作品！

用"乌龟的智慧"作为本书探讨的主题，是我生活中最伟大的事情之一。这个灵感引领我进入一个全新的出乎意料的方向，让我已经领悟了自己所需要知道的一切东西。我发现了生命中的一种同步性，同时也在积极探寻这种灵感的意义所在。我现在已经学会信任并听从这些内心的呼唤，也为这些灵感给我带来的一切领悟而满怀感激，因为它们显然比我独自一人要强大得多。